〖石油教材出版基金资助项目〗

石油高职教育"工学结合"规划教材

钻井工作流体综合实训

（富媒体）

主　编　王金树

副主编　周芳芳　刘春艳

石油工业出版社

内容提要

本书系统介绍了钻井作业中使用的工作流体的基本知识，具体包括：钻井液处理剂标准化检测；水基钻井液体系配制、污染及处理、化学分析及配方设计与优化；油基钻井液配制、性能测定及化学分析；完井液配制及常规性能测定、抑制性能评价、储层伤害评价；水泥浆外加剂认知及配制、性能测定、配方设计与优化等内容。

本书可作为石油高职高专院校石油工程技术专业、油田化学应用技术专业、钻井技术专业及其他相关专业的实验实训用书，也可作为钻井液高级工、钻井高级工、钻井技师的培训用书，还可供油田现场钻井液技术人员、固井技术人员及相关人员参考。

图书在版编目（CIP）数据

钻井工作流体综合实训：富媒体/王金树主编. —北京：石油工业出版社，2020.10

石油高职教育"工学结合"规划教材

ISBN 978-7-5183-4239-6

Ⅰ.①钻… Ⅱ.①王… Ⅲ.①钻井泥浆-高等职业教育-教材 Ⅳ.①TE254

中国版本图书馆 CIP 数据核字（2020）第 185766 号

出版发行：石油工业出版社
（北京市朝阳区安华里2区1号楼　100011）
网　　址：www.petropub.com
编辑部：（010）64523733　图书营销中心：（010）64523633
经　　销：全国新华书店
排　　版：三河市燕郊三山科普发展有限公司
印　　刷：北京晨旭印刷厂

2020年10月第1版　2020年10月第1次印刷
787毫米×1092毫米　开本：1/16　印张：9.25
字数：219千字

定价：23.90元
（如出现印装质量问题，我社图书营销中心负责调换）
版权所有，翻印必究

前　言

钻井工程是一门为油气勘探开发服务的专业性极强的应用工程技术。钻井工作流体是钻井工程的重要组成部分，它不仅为高效、优质和安全地完成油气井建井服务，而且还承担着处理井下复杂情况、防止油气层伤害、保护油气层产能的任务。

随着石油勘探开发的不断发展，钻遇地层越来越复杂，钻井工作流体类型越来越多，对钻井工作流体的性能测试和维护要求也越来越高。油田现场急需一大批具有基本理论知识和实践操作技能的优秀技术人才。本书从满足石油企业对学生职业技能的要求出发，提炼油气勘探和开发作业中钻井工作流体在使用过程中所涉及的处理剂质量检测、体系配制、化学分析、污染类型判断与处理、体系设计与优化等岗位工作内容作为实训模块进行学习和训练。全书在编写过程中注重实用性和可操作性，实验方法和程序尽可能地参考相关标准，力求内容严谨、程序规范、重点突出，从而实现提升学生职业能力和素养的教育目标。在实训内容设计上分为基础性实训、综合性实训、设计和创新性实训，使用者可根据授课时长、教学资源等实际情况进行选择。

本书主要面向已学习过钻井技术和钻井液基本知识，并且对钻井液常规性能测试仪器能够进行熟练操作的学生，因此对钻井液、完井液常规性能测试仪器的操作和数据处理等内容进行了简化。

本书由承德石油高等专科学校石油工程系有关教师共同编写，王金树担任主编，周芳芳、刘春艳担任副主编，张红静担任主审。具体编写分工如下：情境一、情境二由王金树、周芳芳编写；情境三由周芳芳、刘春艳编写；情境四由王金树、刘春艳、褚会丽编写；情境五由王金树、周芳芳、郭光范编写。中海油服中法渤海地质服务有限公司的仝磊参与了本书情境四和情境五的编写，全书由王金树统稿。

本书在编写过程中借鉴了相关兄弟院校的教材和专著，也参考了相关石油行业标准，这些教学资料、专著中蕴含了宝贵的教学经验和教学理念，在此特向文献的原作者表示感谢。本书在编写过程中也参阅了一些网络资源，在此对这些资源的作者表示衷心感谢。本书在编写和出版过程中也得到了编者所在单位的大力支持，在此表示感谢。

本书在编写指导思想上力求体现职业教育特点，但由于编者水平有限，书中错误和不妥之处在所难免，恳请读者批评指正。

编者

2020 年 6 月

目　　录

情境一　钻井液处理剂标准化检测 ·· 1

项目一　加重剂技术指标测定 ·· 2
　　任务一　李氏瓶法测定密度 ·· 2
　　任务二　水溶性碱金属（以钙计）含量测定 ···································· 5
　　任务三　重晶石 75μm 筛余测定 ·· 6
　　任务四　重晶石黏度效应测定 ·· 8
　　思考题 ··· 11

项目二　钻井液用膨润土技术指标测定 ·· 12
　　任务一　悬浮液性能测定 ·· 12
　　任务二　膨润土 75μm 筛余测定 ·· 16
　　思考题 ··· 17

项目三　低黏羧甲基纤维素技术指标测定 ·· 18
　　任务一　淀粉和淀粉衍生物检测 ·· 19
　　任务二　CMC-LVT 水溶液性能检测 ·· 21
　　思考题 ··· 23

项目四　钻井液用承压堵漏剂（Ⅰ、Ⅱ型）技术指标测定 ·························· 24
　　任务一　堵漏剂样品外观、水分、筛余量、pH 值测定 ···························· 25
　　任务二　堵漏剂样品表观黏度、漏失量、封闭滤失量、抗压强度测定 ·············· 27
　　思考题 ··· 29

情境二　水基钻井液配制与检测 ·· 30

项目一　基本水基钻井液体系配制 ·· 31
　　任务一　膨润土基浆配制 ·· 32
　　任务二　细分散钻井液配制 ·· 34
　　任务三　粗分散钻井液配制 ·· 36
　　任务四　聚合物钻井液配制 ·· 40
　　任务五　泡沫钻井液配制 ·· 42
　　思考题 ··· 45

项目二　水基钻井液污染及处理 ·· 46
　　任务一　钙侵及处理 ·· 46
　　任务二　盐侵及处理 ·· 48
　　思考题 ··· 50

项目三 水基钻井液化学分析 ········· 51
任务一 钻井液滤液中 Cl^- 浓度测定 ········· 51
任务二 钻井液滤液中 Ca^{2+} 浓度（钙计总硬度）测定 ········· 53
任务三 钻井液碱度测定 ········· 55
任务四 钻井液膨润土含量测定 ········· 57
思考题 ········· 59

项目四 水基钻井液配方设计与优化 ········· 61
思考题 ········· 63

情境三 油基钻井液配制与检测 ········· 64

项目一 油基钻井液配制 ········· 68
任务一 纯油基钻井液配制 ········· 68
任务二 油包水乳化钻井液配制 ········· 70
思考题 ········· 72

项目二 油基钻井液性能测定 ········· 73
任务一 油基钻井液电稳定性测定 ········· 73
任务二 油基钻井液油、水及固相含量测定 ········· 74
思考题 ········· 77

项目三 油基钻井液化学分析 ········· 78
任务一 油基钻井液碱度测定 ········· 78
任务二 油基钻井液 Cl^- 含量测定 ········· 79
任务三 油基钻井液 Ca^{2+} 含量测定 ········· 80
思考题 ········· 81

情境四 完井液配制与检测 ········· 83

项目一 完井液配制与常规性能测定 ········· 85
任务一 清洁盐水配制与性能测定 ········· 85
任务二 聚合物盐水配制与性能测定 ········· 88
思考题 ········· 90

项目二 完井液抑制性能评价 ········· 91
任务一 相对抑制率测定 ········· 91
任务二 滚动回收率测定 ········· 93
任务三 毛细管吸收时间测定 ········· 94
思考题 ········· 96

项目三 完井液储层伤害评价 ········· 97
任务一 完井液伤害储层动态模拟评价实验 ········· 97
任务二 无固相完井液伤害储层静态模拟评价实验 ········· 100
思考题 ········· 103

项目四　完井液配方设计与优化 ··· 104
　　思考题 ··· 106

情境五　水泥浆配制与检测 ··· 107
项目一　水泥浆外加剂或外掺料认知 ··· 109
　　思考题 ··· 118
项目二　水泥浆配制及密度、流动度、游离液测定 ··· 119
　　任务一　水泥浆配制 ··· 120
　　任务二　水泥浆密度测定 ··· 121
　　任务三　水泥浆流动度测定 ··· 122
　　任务四　水泥浆游离液测定 ··· 123
　　思考题 ··· 124
项目三　水泥浆流变性及失水性测定 ··· 125
　　任务一　水泥浆配制 ··· 125
　　任务二　水泥浆流变性测定 ··· 126
　　任务三　水泥浆失水性测定 ··· 128
　　思考题 ··· 130
项目四　水泥浆凝结时间、稠化时间和抗压强度测定 ····································· 131
　　任务一　水泥浆配制 ··· 132
　　任务二　水泥浆凝结时间测定 ··· 133
　　任务三　水泥浆稠化时间测定 ··· 135
　　任务四　水泥浆抗压强度测定 ··· 136
　　思考题 ··· 136
项目五　水泥浆配方设计与优化 ··· 137
　　思考题 ··· 139

参考文献 ··· 140

富媒体资源目录

序号	名称	页码
1	视频 1-1 悬浮液流变性能测定步骤	14
2	视频 2-1 淡水基浆油田现场配制	33
3	视频 2-2 盐水钻井液现场配制步骤	39
4	视频 2-3 聚合物钻井液现场配制步骤	42
5	视频 2-4 一次性泡沫钻井液	42
6	视频 2-5 钻井液滤液中 Cl^- 浓度测定步骤	52
7	视频 2-6 钻井液滤液中 Ca^{2+} 浓度(钙计总硬度)测定步骤	54
8	视频 2-7 钻井液碱度测定原理	56
9	视频 2-8 钻井液碱度测定步骤	56
10	视频 2-9 钻井液膨润土含量测定原理	58
11	视频 3-1 二元金属皂油包水乳化钻井液形成机理	67
12	视频 3-2 油基钻井液油、水及固相含量测定原理	75

情境一
钻井液处理剂标准化检测

钻井液被称为"钻井工程的血液",与钻井安全息息相关。钻井液处理剂是调节钻井液性能的重要添加剂,其质量直接影响钻井工程的成败。钻井液处理剂技术指标是规范钻井液处理剂生产和控制其质量的重要技术文件。

目前,我国钻井液处理剂共分为18大类:(1)黏土;(2)加重材料;(3)增黏剂;(4)降滤失剂;(5)降黏剂;(6)润滑剂;(7)页岩稳定剂;(8)流型调节剂;(9)堵漏剂;(10)发泡剂;(11)杀菌剂;(12)解卡剂;(13)缓蚀剂;(14)消泡剂;(15)乳化剂;(16)钻头清洁剂;(17)油基钻井液添加剂(润湿剂等);(18)无机化学添加剂。其中增黏剂、降滤失剂、降黏剂、页岩稳定剂、流型调节剂等多属于高分子聚合物类处理剂;发泡剂、杀菌剂、缓蚀剂、消泡剂、乳化剂、钻头清洁剂等多属于表面活性剂类;堵漏剂包括物理性堵漏材料(果壳、云母片、锯末等)和化学性堵漏材料(聚合物凝胶、水泥浆等),一般井队在钻井过程中也会就地取材、因地制宜进行堵漏作业;无机化学添加剂主要包括常规的碱类($NaOH$、KOH 等)、盐类(钠盐、钙盐、钾盐等),还有无机聚合物等。

为适应钻井液技术的发展需要,规范油气井钻井液材料的性能和测定步骤,我国先后制定并更新了 GB/T 5005—2001《钻井液材料规范》、GB/T 16783.1—2006《石油天然气工业 钻井液现场测试 第1部分:水基钻井液》、GB/T 5005—2010《钻井液材料规范》、GB/T 16783.2—2012《石油天然气工业 钻井液现场测试 第2部分:油基钻井液》、GB/T 16783.1—2014《石油天然气工业 钻井液现场测试 第1部分:水基钻井液》等多套钻井液处理剂技术指标和性能测定标准。

从钻井实际需求出发,结合钻井工况和各类处理剂特点,本实训项目分别选用钻井液加重剂(以重晶石为例)、钻井液配浆原材料(膨润土)、高分子聚合物处理剂(以增黏降滤失剂低黏羧甲基纤维素为例)和钻井液堵漏剂(以承压堵漏剂为例)四类钻井液材料,通过对不同处理剂材料的标准化检测训练,使学习者完成以下实训目标:

(1)能够独立读懂《钻井液材料规范》中各处理剂的技术指标及检测方法。

(2)能够根据《钻井液材料规范》对钻井液处理剂进行标准化检测,并取得可信的检测结果。

(3)培养学习者具备质量检测标准化操作、数据分析和数据处理严谨认真的职业素养。

项目一　加重剂技术指标测定

钻井液常用加重剂有重晶石粉、石灰石、铁矿粉（钛铁矿粉和菱铁矿粉）和方铅矿等，其中重晶石粉具有密度大、硬度低、来源广、价格便宜和润湿性好等优势，已成为钻井行业最常用的加重材料，主要用来加重密度不超过 $2.30g/cm^3$ 的水基和油基钻井液。

重晶石粉是一种以硫酸钡（$BaSO_4$）为主要成分的天然矿石经过机械加工而制成的粉末状固体，有轻微毒性，不溶于水、有机溶剂、酸和碱的溶液，只能少量溶于浓硫酸。

钻井级重晶石粉是用含硫酸钡的商业矿石生产的，除了硫酸钡外，重晶石粉中还可能含有其他附带矿物。这些附带矿物的存在，使得商业重晶石粉的颜色变化各异，从灰白色到灰色、红色或棕色。常见附带矿物有石英、燧石、菱铁矿、白云岩及金属氧化物和硫化物等。这些矿物在通常情况下是不溶解的，但在某些条件下，它们可以和某些钻井液中的其他成分发生反应而对钻井液性能产生不良影响。同时在钻井过程中，不同批次的重晶石粉的密度、水溶性碱金属含量、颗粒粒径等参数的变化也会对钻井液密度、钻井液流变参数和重晶石粉悬浮效果产生影响。因此，在现场需要对重晶石粉进行标准化分析，以确保重晶石粉符合钻井使用要求。

根据 GB/T 5005—2010《钻井液材料规范》中的规定，重晶石粉应符合表 1-1 所列的技术指标要求。

表 1-1　重晶石粉技术指标要求

项目		指标	
		Ⅰ级	Ⅱ级
密度，g/cm^3		≥4.20	<4.20 且 ≥4.05
水溶性碱金属的含量（以钙计），mg/kg		≤250	
75μm 筛余（质量分数），%		≤3.0	
黏度效应，$mPa·s$	加入硫酸钙前	≤140	
	加入硫酸钙后	≤140	

任务一　李氏瓶法测定密度

一、试剂与仪器

试剂：无水煤油；重晶石粉样品。

仪器：烘箱，可控制在 105℃±3℃；干燥器，装有硫酸钙（化学纯）干燥剂，或等效产品；李氏瓶，夹紧或加重物，以防在水槽中浮起；恒温槽，透明，控制温度 32℃±0.5℃，控制精度±0.1℃（例如，配有加热和循环辅助设备的 40L 恒温反应槽如图 1-1 所示）；天平，精度 0.01g；刻度移液管，容量 10mL；放大镜；木棒，直径约 8mm，长度约

30cm，或等效物；纸巾，具有吸湿性（实验室级纸巾不具有吸湿性，因而不适用于本测定程序）；称量皿，低温型，带有喷嘴，容量约100mL，或等效物；毛刷，小型，细毛。

二、测定原理

李氏瓶（图1-2）也叫密度瓶，容积为220~250mL，带有长约18~20cm、直径约1cm的细颈，细颈上有刻度读数0~24mL，且0~1mL和18~24mL之间有0.1mL刻度线。李氏瓶主要用来测量钻井液加重材料、水泥、石灰、粉煤灰等细颗粒物质的密度。

李氏瓶基于阿基米德原理测量粉末状固体的密度，测量时将待测粉末状固体倒入装有一定量液体介质的李氏瓶内，并使液体介质充分地浸透粉末固体。根据阿基米德定律，待测固体的体积等于它所排开的液体体积，从而算出待测固体单位体积的质量即为密度。为使测定的物质不产生水化反应，液体介质一般采用无水煤油。

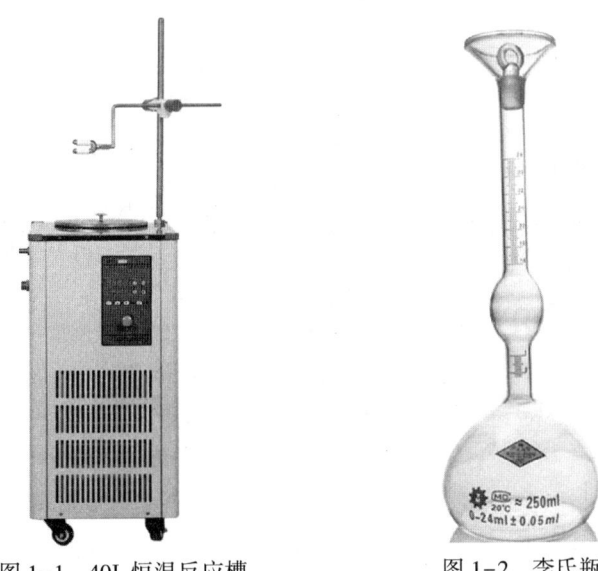

图1-1　40L恒温反应槽　　　　图1-2　李氏瓶

三、测定步骤

（1）称取约100g重晶石粉，在105℃±3℃的烘箱中烘干至少2h，放入干燥器中，冷却至室温。

（2）在一干净的李氏瓶中加入煤油至零刻度线下约22mm处。

（3）将李氏瓶直立放入32℃±0.5℃的恒温槽中。槽中水面应高出李氏瓶的24mL刻度线，但应低于瓶塞位置，用夹子或重物确保其稳定。

（4）使李氏瓶及其所盛液体恒温至少1h。保持李氏瓶在恒温槽内，用放大镜仔细观察凹液面的位置并读取初始体积，精确至0.05mL，记录初始体积V_1。

注意：如果恒温后煤油液面不在-0.2~+1.2mL范围内，则用10mL刻度移液管添加或移出煤油，以使液面落在该范围内。李氏瓶恒温至少1h。

（5）从恒温槽中取出李氏瓶，擦干并取下瓶塞。在木棒上斜卷若干段纸巾，将李氏瓶颈部的内表面擦干。木棒及纸巾不得与瓶内煤油接触。

（6）用称量皿称取 80g±0.05g 干燥过的重晶石粉，记录重晶石粉的质量 m。小心移至李氏瓶中，注意避免煤油溅出，或重晶石粉堵塞瓶颈的圆球部分。需要反复将少量重晶石粉加入，用刷子将残余的重晶石粉全部转入李氏瓶中，然后盖好瓶塞。

（7）必要时用木棒轻拍瓶颈部或小心地左右摇动，以赶下黏在瓶壁上的重晶石粉。不要使煤油接触磨口玻璃塞。

（8）沿着一个偏离垂直面不超过45°的光滑斜面缓缓滚动瓶子，或将直立的瓶颈放在两手掌间快速转动，以除去重晶石粉样品中夹带的空气。重复上述步骤直到看不见重晶石粉中再有气泡出现为止。

（9）将李氏瓶放回恒温槽中，静置至少 0.5h。

（10）将李氏瓶从恒温槽中取出，重复（8）中的实验步骤，以除去重晶石粉样品中的所有残留空气。

（11）再次将李氏瓶浸入恒温槽中，静置至少 1h。

（12）按照（4）中所述的同样方法记录最终体积 V_2。

四、数据计算与整理

重晶石粉体积应为李氏瓶中煤油第二次体积读数减去初始（第一次）体积读数，即重晶石粉所排开的无水煤油的体积。

按式(1-1)计算重晶石粉密度 ρ，并将实验数据填入实验数据记录表 1-2 中：

$$\rho = \frac{m}{V_2 - V_1} \tag{1-1}$$

式中　ρ——样品密度，g/cm³；

　　　m——样品质量，g；

　　　V_1——初始体积，mL；

　　　V_2——最终体积，mL。

表 1-2　重晶石粉密度测定实验数据记录表

测量次数	第 1 次	第 2 次	第 3 次
样品质量，g			
初始体积，cm³			
最终体积，cm³			
样品密度，g/cm³			
样品平均密度，g/cm³			

五、安全提示及注意事项

（1）本实验涉及高温操作，严禁违章操作，防止烫伤。

（2）注意用电安全，严禁湿手、湿抹布等接触电线。

(3) 废弃测定液倒入指定回收容器，严禁倒入下水道。

任务二　水溶性碱金属（以钙计）含量测定

一、试剂与仪器

试剂：EDTA 水溶液，3.72g±0.01g 二水合乙二胺四乙酸二钠盐（化学纯），在容量瓶中用去离子水稀释至 1000mL（0.01mol/L）；缓冲溶液，67.5g±0.01g 氯化铵（化学纯）及 570mL±1mL 浓度为 15mol/L 的氨水（化学纯）溶液，在容量瓶中用去离子水稀释至 1000mL；硬度指示剂；1g±0.01g 钙镁指示剂，即 1-(1-羟基-4-甲基苯偶氮)-2-萘酚-4-磺酸，或等效物，在容量瓶中用去离子水稀释至 1000mL；去离子水或蒸馏水。

仪器：天平，称量范围大于 100g，精度 0.01g；锥形瓶，容量 250mL，配有密封良好的塞子；量筒，容量 100mL，刻度 1mL；滴定容器，容量 100~150mL 的锥形瓶；移液管或滴定管，刻度 0.1mL；移液管，容量 10mL，或等效物；滤失仪，低温低压式，符合 GB/T 16783.1—2014，或过滤漏斗；滤纸，Whatman 50 型，或等效物；玻璃容器，小型；机械振荡器，任选；容量瓶，容量 1000mL；搅拌棒；烘箱，可控制在 105℃±3℃。

二、测定原理

重晶石粉中水溶性碱金属（主要是 Ca^{2+}）的存在，会影响钻井液中膨润土的水化分散性质，进而影响钻井液的流变性、滤失性及重晶石粉的悬浮效果，因此钻井用重晶石粉中碱金属含量必须严格控制。

本实验根据 Ca^{2+} 滴定原理测量重晶石粉中的可溶性碱金属含量。在水溶液中，重晶石粉中的 Ca^{2+} 可与硬度指示剂（铬黑T）生成酒红色络合物，乙二胺四乙酸二钠（简称 EDTA）也可与 Ca^{2+} 生成稳定络合物，且络合物稳定性比硬度指示剂与 Ca^{2+} 生成的红色络合物稳定性好。当用 EDTA 滴定接近终点时，EDTA 自硬度指示剂与 Ca^{2+} 生成的红色络合物中夺取 Ca^{2+} 而使硬度指示剂游离，溶液由酒红色变为蓝色，即达到终点，通过计量重晶石粉滤液体积及消耗的 EDTA 体积，即可计算出重晶石粉中水溶性碱金属（以钙计）的含量。

三、测定步骤

(1) 称取 100g±0.05g 在 105℃±3℃ 下干燥过的重晶石粉，移到锥形瓶中，加 100mL±1mL 去离子水，盖好塞子，在约 1h 内至少振摇 5min，或者用机械振荡器振摇 20min 至 30min。

(2) 振摇后，用 API 中压滤失仪或过滤漏斗加两层滤纸将悬浮液过滤，将滤液收集到合适的玻璃容器中。

(3) 加 50mL±1mL 去离子水至滴定容器，加约 2mL 缓冲溶液和足量硬度指示剂，以呈现明显的蓝色，摇动使之混匀。

注意：如这时溶液呈现的颜色并非明显蓝色，则表明仪器和（或）水被污染，需要寻找并消除污染源，重新进行实验。

（4）用移液管量取（2）中的滤液 10mL 转移至（3）的溶液中，摇匀。若溶液呈现蓝色则表明硬度为零，实验结束。如果有钙和（或）镁存在，将出现酒红色。将滤液体积记作 V_3。

（5）如钙和（或）镁存在，开始搅动滴定瓶并用 EDTA 溶液滴定至蓝色终点，滴定终点最好是继续加 EDTA 不再产生由红到蓝的颜色变化。达到蓝色终点时所消耗的 EDTA 体积记作 V_4。

注意：如果终点不清晰或观察不到终点，就必须进行其他实验（如原子吸收光谱），并记录所用实验方法及所得结果。

四、数据计算与整理

按式(1-2)计算水溶性碱金属的含量（以钙计）W_{AEM}，并将结果填入表 1-3 中：

$$W_{AEM} = 400 \times \frac{V_4}{V_3} \tag{1-2}$$

式中　W_{AEM}——水溶性碱金属的含量（以钙计），mg/kg；

　　　V_3——所用的滤液体积，mL；

　　　V_4——消耗的 EDTA 体积，mL。

表 1-3　水溶性碱金属含量测定实验数据记录表

测量次数	第 1 次	第 2 次	第 3 次
V_3，mL			
V_4，mL			
W_{AEM}，mg/kg			
平均值			

五、安全提示及注意事项

（1）本实验对操作技能要求较高，应在教师指导下进行；操作者应对操作步骤和仪器有足够的熟练操作能力，严禁违规操作。

（2）废弃测定液倒入指定回收容器，严禁倒入下水道。

任务三　重晶石 75μm 筛余测定

一、试剂与仪器

试剂：六偏磷酸钠（化学纯）；重晶石粉样品。

仪器：烘箱，可控制在 105℃±3℃；干燥器，装有硫酸钙（化学纯）干燥剂，或等效物；天平，精度 0.01g；搅拌器；搅拌杯；筛子，75μm，符合 ASTME 161 的要求，近似尺寸为直径 76mm，从上边框到筛网高 69mm；喷嘴，带有 1/4T T 喷嘴体（Spraying Systems 公司的带有 1/4T T 喷嘴体的 TG 6.5 喷嘴，或等效物），接到带有 90°弯头的水管线上；水压调节器，能调节至69kPa±7kPa；蒸发皿，或等效物；洗瓶。

二、测定原理

重晶石粒径范围与钻井液性能和钻井工程质量密切相关，如果重晶石颗粒太大，需要钻井液具有足够的悬浮携带能力，一旦钻井液切力不足以悬浮重晶石，就会发生重晶石沉降，从而引发一系列的钻井事故。如果重晶石颗粒太小，在油气层钻井时，重晶石颗粒会进入储层的油气通道，造成孔喉的永久性堵塞，使油气层渗透率降低从而影响油井产量，重晶石的粒度越小，对储层伤害越严重，对钻井液黏度效应的影响也越严重。因此，为保证重晶石粉在钻井液中具有良好的悬浮效果和储层保护性能，需要对钻井液用重晶石进行筛余测定和黏度效应测定。

钻井用重晶石粉末细度要求通过200目筛网的筛余量小于3.0%。本实验可采用湿筛仪（图1-3）进行重晶石粉筛余测量，湿筛仪的工作原理是将重晶石粉放在滤网上，用减压阀控制喷嘴水压（由减压阀得到压力表中显示压力应为10psi❶）在规定的时间内对滤网上的重晶石粉进行水过筛（湿筛），最后测量筛余量并计算筛余含量。

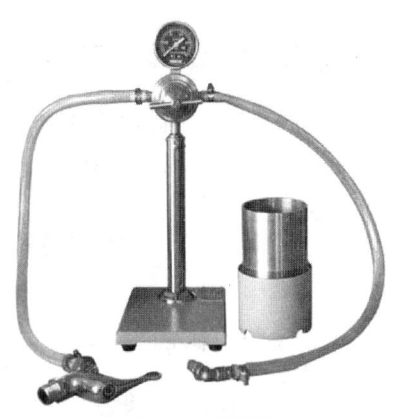

图1-3 湿筛仪

三、测定步骤

（1）称取约60g重晶石粉，在105℃±3℃下烘干2h，放入干燥器中冷却至室温。

（2）称取50g±0.01g干燥过的重晶石粉，将此质量记作m，加入含有0.2g六偏磷酸钠的350mL水中，在搅拌器上搅拌5min±1min。

（3）将样品转移至75μm筛子中。用洗瓶将搅拌杯中的全部物料转移至筛子中，用从喷嘴出来的压力为69kPa±7kPa（10psi）的水流冲洗筛网上的物料2min±15s。冲洗时，使喷嘴大致位于筛子顶部的平面上，并且在样品上方反复移动水流。

（4）将残留物从筛子冲洗到已称量的蒸发皿中，并轻轻倒出多余的清水。

（5）在105℃±3℃的烘箱中将筛余烘干至恒重（精确至±0.01g），记录筛余质量m_1。

四、数据计算与整理

按式(1-3)计算75μm筛余的含量W_1，并将结果填入表1-4中：

$$W_1 = \frac{m_1}{m} \times 100\% \qquad (1-3)$$

式中 W_1——75μm筛余的含量（质量分数）；

m——样品质量，g；

m_1——75μm筛余质量，g。

---

❶ 1psi=6894.76Pa。

表 1-4 重晶石 75μm 筛余测定实验数据记录表

测量次数	第 1 次	第 2 次	第 3 次
m, g			
m_1, g			
W_1, %			
平均值			

五、安全提示及注意事项

（1）本实验涉及高温操作，严禁违章操作，防止烫伤。
（2）废弃测定液倒入指定回收容器，严禁倒入下水道。

任务四　重晶石黏度效应测定

一、试剂与仪器

试剂：蒸馏水；硫酸钙（化学纯），通过 0.175mm 孔径筛。
仪器：烘箱，可控制在 105℃±3℃；天平，精度 0.01g；搪瓷杯，1L；低速搅拌器；实验室用小勺；钻井液密度计，符合 GB/T 15783.1—2014 标准；六速旋转黏度计；玻璃棒。

二、测定原理

黏度效应指密度为 2.50g/cm³ 的重晶石粉蒸馏水悬浮液，经搅拌并养护 24h 后，该悬浮液在加入硫酸钙前后的表观黏度变化。

重晶石粉因其高密度、润湿性和惰性而作为加重材料大量用于水基及油基钻井液，它与黏土等材料一起组成了加重钻井液的固相。钻井液中的固相含量、粒度分布及固相颗粒的亲水性是决定钻井液流动性能的主要因素。固相含量及固相粒度对分散体系的黏度影响可由爱因斯坦的经典悬浮液黏度公式及 Hiemenz 溶剂化理论来表述。经典悬浮液黏度公式为：

$$\mu = \mu' \times (1 + K\varphi) \tag{1-4}$$

式中　μ——分散体系的黏度；
　　　μ'——液相黏度；
　　　K——常数；
　　　φ——未溶剂化时固相的体积分数。

Hiemenz 溶剂化理论假设溶剂化只限于颗粒的表面，颗粒结合的溶剂数量与颗粒的比表面成正比，溶剂化颗粒的体积分数是颗粒及溶剂化膜体积分数的和。若按圆球形颗粒计算，溶剂化后固相的体积分数与未溶剂化时的体积分数有如下关系：

$$\varphi' = (1 + 3\Delta R/R)\varphi \tag{1-5}$$

式中　φ'——溶剂化后固相的体积分数；

　　　R——颗粒半径；

　　　ΔR——溶剂化膜的厚度。

根据式(1-5)，R 越小且 ΔR 越大，φ' 就越大，将 φ' 带入经典悬浮液黏度公式，体系的黏度也就越大。用作钻井液加重剂的重晶石颗粒绝大多数在胶体颗粒（<2μm）和超细颗粒（2~4μm）范围内。因此，如果重晶石颗粒过细或细颗粒越多，加入钻井液中后，对钻井液的黏度影响越大。

重晶石的粒度分布对悬浮液黏度的影响从图 1-4 中可以看出：重晶石颗粒越细，对钻井液的黏度效应影响越严重。所以，在重晶石的质量标准中，应限制重晶石的细颗粒含量（或总比表面积）。

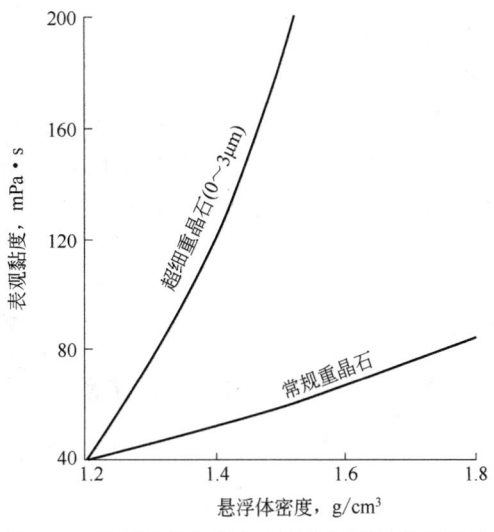

图 1-4　重晶石的粒度分布对悬浮液黏度的影响

由于重晶石的总比表面积会影响加重钻井液的流变性能，而用湿筛法只能确定粒径小于 74μm 的重晶石含量，不能表征重晶石颗粒的比表面积。因此国标规定使用密度为 2.50g/cm³ 的重晶石悬浮液进行石膏（无水硫酸钙）对其黏度的影响实验。根据胶体化学原理，黏度效应是检验悬浮液中充分分散的胶体颗粒在加入 Ca^{2+} 后对悬浮液体系黏度的影响。如果细颗粒重晶石含量多，重晶石总比表面积大，分散的重晶石颗粒在 Ca^{2+} 的作用下会发生絮凝，从而引起悬浮液黏度升高，使得钻井液黏度效应严重。因此，加入絮凝剂（无水硫酸钙）前后重晶石悬浮液体系黏度的变化值可反映重晶石颗粒的总表面积，进而评价重晶石的质量是否满足钻井液材料使用要求。

三、测定步骤

（1）用 250mL 蒸馏水配制密度为 2.50g/cm³ 的重晶石粉蒸馏水悬浮液，其重晶石粉加量可按式(1-6)求得：

$$m = \frac{375\rho}{\rho - 2.50} \tag{1-6}$$

式中 m——重晶石粉加量，g；

ρ——李氏瓶法测定的重晶石密度，g/cm³。

（2）向 1L 搪瓷杯中加入 250mL 蒸馏水，称取已在 105℃±3℃下烘干 2h 并冷却至室温的重晶石粉样品（精确至 0.1g），在低速搅拌器搅拌下，用小勺将重晶石粉加入搪瓷杯，加完后再搅拌 15min（期间至少应停下两次，刮下黏附在容器壁上和搅拌器叶片上的重晶石粉）。将搅拌后的悬浮液在 25℃±1℃下密闭养护 24h。

（3）将养护后的悬浮液用低速搅拌器搅拌 15min，用钻井液密度计测量悬浮液的密度。当测得的密度为 2.50g/cm³±0.02g/cm³ 时，将悬浮液倒入直读式黏度计的样品杯中，用玻璃棒搅匀后在 600r/min 下测定悬浮液的表观黏度（因悬浮液沉降较快，应读取下降前的最大值）。

（4）若测得的悬浮液密度不在 2.50g/cm³±0.02g/cm³ 范围内，则应调整重晶石粉加量，重新配制悬浮液，按照（2）和（3）的规定测定。

（5）向测定黏度后的悬浮液中加入通过 0.175mm 孔径筛的无水硫酸钙 2.50g，用低速搅拌器搅拌 5min，在 25℃±1℃下静置 30min，再搅拌 15min（期间至少应停下两次，刮下黏附在容器壁上和搅拌器叶片上的重晶石粉），按照（3）的规定测定悬浮液的表观黏度。

四、数据计算与整理

对于加入硫酸钙前后的悬浮液，按式（1-7）分别计算其表观黏度，并将黏度效应计算结果填入表 1-5 中：

$$AV = \frac{\phi_{600}}{2} \tag{1-7}$$

式中 AV——悬浮液的表观黏度，mPa·s；

ϕ_{600}——黏度计在 600r/min 下的读值。

表 1-5　重晶石黏度效应测定实验数据记录表

测量次数		第 1 次	第 2 次	第 3 次
加入硫酸钙前	ϕ_{600}			
	AV，mPa·s			
加入硫酸钙后	ϕ_{600}			
	AV，mPa·s			

五、安全提示及注意事项

（1）本实验用到高速搅拌器，严禁将硬物带入搅拌器；操作人员服装、头饰必须整理整齐，无安全隐患；严禁搅拌器空转；操作中防止机械伤害。

（2）注意用电安全，严禁湿手、湿抹布等接触电线。

(3) 废弃测定液倒入指定回收容器,严禁倒入水槽或下水道。

思考题

(1) 为什么用李氏瓶测量重晶石粉的密度?该仪器还可以测量哪些物质的密度?

(2) 李氏瓶法测重晶石粉密度所使用的液体介质是什么?为何使用该种介质?

(3) 重晶石中水溶性碱金属对重晶石有哪些影响?

(4) 测定重晶石 $75\mu m$ 筛余的目的是什么?

(5) 钻井液对重晶石颗粒粒度有何要求?为什么?

项目二　钻井液用膨润土技术指标测定

黏土是指粒径小于 2μm、在水中具有多种化学性质的硅铝酸盐。黏土广泛存在于自然界地表和地下沉积岩地层中，根据黏土基本构造单元硅氧四面体和铝氧八面体的组合形式，可将黏土分为 2∶1 型黏土矿物（蒙脱石和伊利石）、1∶1 型黏土矿物（高岭石）、2∶2 型黏土矿物（绿泥石）和层链状黏土矿物（海泡石、凹凸棒石）等几种类型。

以蒙脱石为主要成分的商业产品称为膨润土，膨润土是淡水基钻井液的专用配浆土，具有良好的吸附性、水化性、分散性、带电性和离子交换性等，可在水中分散成胶体大小的颗粒（<1μm）。膨润土充分分散形成的黏土基浆可以增加钻井液的黏度和切力，提高井眼的净化能力；形成的低渗透率致密滤饼，可以封堵井壁的微小孔隙，对于胶结不良的地层，可以改善井眼的稳定性；分散的黏土片层还可为很多处理剂提供作用载体。

钻井液用膨润土中除有用成分蒙脱石外，也可能含有诸如石英、云母、长石和方解石等附属矿物。为保证膨润土具有良好的造浆性，需对其基本技术指标进行测定。

根据 GB/T 5005—2010《钻井液材料规范》中的规定，钻井液用膨润土应符合表 1-6 规定的技术要求。

表 1-6　钻井级膨润土技术要求

项目		指标
悬浮液	黏度计读值	≥30
	动塑比，Pa/(mPa·s)	≤1.5
	滤失量，mL	≤15.0
75μm 筛余(质量分数)，%		≤4.0

任务一　悬浮液性能测定

一、试剂与仪器

试剂：去离子水；钻井液用膨润土。

仪器：温度计，精度 0.5℃；天平，精度 0.01g；搅拌器，负载转速 11000r/min±300r/min，或等效物；搅拌杯，近似尺寸为深 180mm，上口直径 97mm，下底直径 70mm；刮刀；直读式黏度计，符合 GB/T 16783.1—2014 标准；API 中压滤失仪，符合 GB/T 16783.1—2014 标准；滤纸，Whatman 50 型，或等效物；量筒，2 支，容量 500mL 和 10mL；去离子水或蒸馏水；容器，带盖，容量约 500mL；计时器，2 个，机械式或电子式。

二、悬浮液流变性能测定

1. 测定原理

直读式六速旋转黏度计由电动机、恒速装置、变速装置、测量装置和支架箱体等五部分组成（图 1-5）。恒速装置和变速装置合称旋转部件。在旋转部件上固定一个外筒，工作时外筒旋转。测量装置由测量弹簧部件、刻度盘和内筒组成，内筒通过扭簧固定在机体上，扭簧上附有刻度盘。

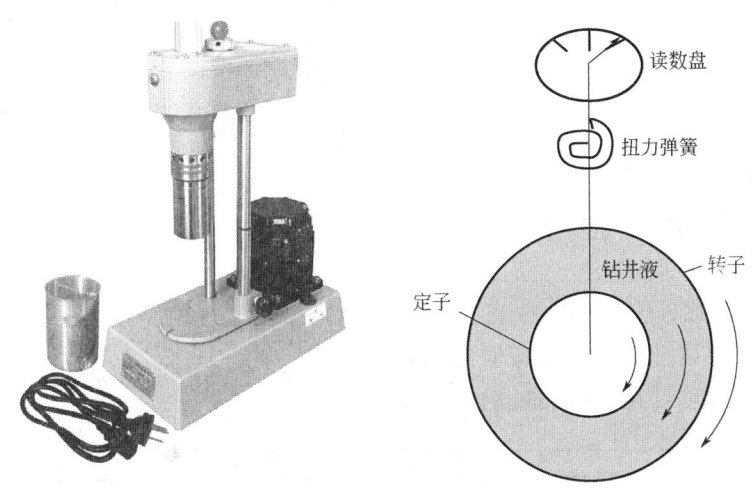

图 1-5 六速旋转黏度计实物及原理示意图

测量时，内筒和外筒同时浸没在钻井液中，它们是同心圆筒，环隙 1mm。当外筒以某一恒速旋转时，带动环隙里的钻井液旋转。由于钻井液具有黏滞性，环隙中的钻井液就会带动与扭簧连接在一起的内筒旋转一个角度。根据牛顿内摩擦定律，转动角度的大小与钻井液的黏度成正比，于是钻井液黏度的测量就转化为内筒转角的测量。转角的大小可以直接从刻度盘上读出，通过黏度计算公式可以计算相应黏度值。

2. 测定步骤

（1）制备膨润土悬浮液。边在搅拌器上搅拌边向 350mL±5mL 去离子水中加入 22.5g±0.01g 膨润土（待测样品）。

（2）搅拌 5min±0.5min 后，从搅拌器上取下搅拌杯，用刮刀刮下黏在杯壁上的所有膨润土，将黏在刮刀上的所有膨润土混到悬浮液中。

（3）将搅拌杯重新放到搅拌器上继续搅拌。必要时，再过 5min 和 10min 后从搅拌器上取下搅拌杯，刮下黏在杯壁上的所有膨润土。总搅拌时间应为 20min±1min。

（4）室温下或在恒温设备（25℃±1℃）中，将膨润土悬浮液在密闭或带盖容器中养护，养护时间为 16h，记录养护温度。

（5）将膨润土悬浮液养护之后，摇匀并倒入搅拌杯中，在搅拌器上搅拌 5min±0.5min。

（6）将悬浮液倒入为直读式六速旋转黏度计配备的样品杯中，测定黏度计在 600r/min

视频1-1 悬浮液流变性能测定步骤

和300r/min时的读值。应在每挡转速下达到稳定值后读值,测定应在悬浮液温度为25℃±1℃的条件下进行。测定结束后,将全部悬浮液样品倒回搅拌杯中,准备进行滤失性能测定实验。

悬浮液流变性能测定步骤见视频1-1。

3. 结果计算及数据整理

按式(1-8)、式(1-9)、式(1-10)计算塑性黏度PV、动切力YP、动塑比b,并将测定结果填入表1-7中:

$$PV = \phi_{600} - \phi_{300} \tag{1-8}$$

$$YP = a(\phi_{300} - PV) \tag{1-9}$$

$$b = YP/PV \tag{1-10}$$

其中a取$0.511s^{-1}$。

式中 PV——塑性黏度,mPa·s;

YP——动切力,Pa;

b——动塑比,Pa/(mPa·s);

ϕ_{600}——黏度计在600r/min时的读值;

ϕ_{300}——黏度计在300r/min时的读值。

表1-7 悬浮液流变性测定实验数据记录表

测量次数	第1次	第2次	第3次	平均值
$\phi 600$				
$\phi 300$				
PV,mPa·s				
YP,Pa				
b,Pa/(mPa·s)				

三、悬浮液滤失性能测定

1. 测定原理

API中压滤失仪是油田现场最常用的常温中压条件下测定钻井液滤失量的装置(图1-6),其渗滤面积是$45.8cm^2$(滤纸直径为90mm),实验渗滤压差为0.69MPa(100psi),测定温度为室温。在压差作用下,测定钻井液在30min内渗滤出的滤液体积作为API滤失量评价标准。

2. 测定步骤

(1)将流变性能测定后的膨润土悬浮液倒入搅拌杯中在搅拌器上搅拌1min±0.5min,调整悬浮液温度至25℃±1℃。

(2)将悬浮液倒入滤失仪样品杯中。在倒入悬浮液之前,要保证样品杯的所有部件

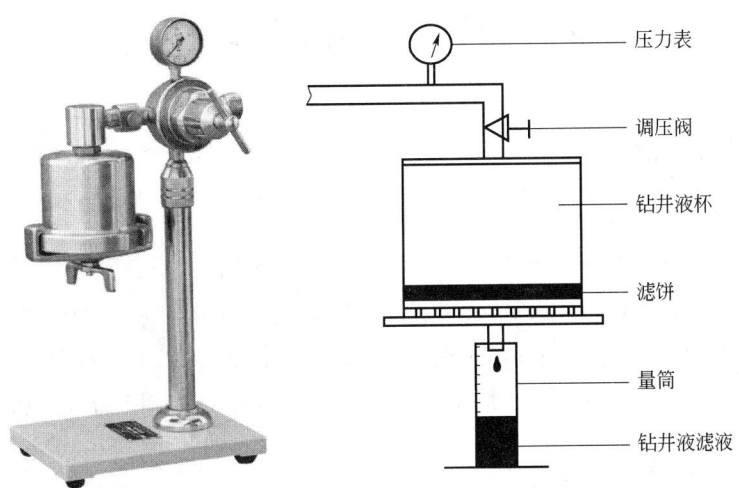

图 1-6　钻井液中压滤失仪

都是干燥的,并且密封圈没有变形或磨损。将悬浮液倒至距样品杯顶端 13mm 以内。组装样品杯,将样品杯安装在支架上,并关闭减压阀,在排液管下放一容器。

(3) 将一只计时器定在 7.5min,另一只定在 30min,同时启动两只计时器,并将样品杯压力调至 690kPa±35kPa。这两步操作应在 15s 内完成。压力应由压缩的空气、氮气或氦气提供。

(4) 在第一只计时器计时结束时,移开容器并除去黏附在排液管上的所有液体,弃掉。在排液管下放一支干燥的 10mL 量筒,继续收集滤液至第二只计时器计时结束。移开量筒并记录收集的滤液体积 V_c。

3. 结果计算与数据整理

按式(1-11) 计算膨润土悬浮液的滤失量 V,并将实验结果填入表 1-8 中:

$$V = 2V_c \qquad (1-11)$$

式中　V——滤失量,mL;

V_c——在 7.5min 至 30min 之间收集到的滤液体积,mL。

表 1-8　悬浮液滤失量测定实验数据记录表

测量次数	第 1 次	第 2 次	第 3 次	平均值
V_c,mL				
V,mL				

四、安全提示及注意事项

(1) 本实验用到高速搅拌器,严禁将硬物带入搅拌器;操作人员服装、头饰必须整理整齐,无安全隐患;严禁搅拌器空转;操作中防止机械伤害。

(2) 注意用电安全,严禁湿手、湿抹布等接触电线。

(3) 废弃测定液倒入指定回收容器,严禁倒入下水道。

任务二　膨润土75μm筛余测定

一、试剂与仪器

试剂：六偏磷酸钠（化学纯）；钻井液膨润土样品。

仪器：烘箱，可控制在105℃±3℃；天平，精度0.01g；搅拌器；搅拌杯；刮刀；筛子，75μm，符合ASTME 161的要求，近似尺寸为直径76mm，从上边框到筛网高69mm；喷嘴，带有1/4T T喷嘴体（Spraying Systems公司的带有1/4T T喷嘴体的TG 6.5喷嘴，或等效物），接到带有90°弯头的水管线上；水压调节器，能调节至69kPa±7kPa；蒸发皿，或等效物；洗瓶。

二、测定步骤

（1）称取在105℃±3℃下烘干的膨润土10g±0.01g，质量记为m。

（2）边在搅拌器上搅拌边将称取的膨润土样品加入含有0.2g六偏磷酸钠的350mL水中。

（3）在搅拌器上搅拌30min±1min。

（4）将样品转移至筛子中。用洗瓶将容器中的全部物料转移至筛子中，并用从喷嘴出来的压力为69kPa±7kPa的水流冲洗筛网上的物料2min±15s。冲洗时，使喷嘴大致位于筛子顶部的平面上，并且在样品上方反复移动水流。

（5）将残留物从筛子冲洗到已称量的蒸发皿中，并轻轻倒出多余的清水。

（6）在105℃±3℃的烘箱中将筛余烘干至恒重（精确至±0.01g），记录筛余质量m_1。

三、数据计算与整理

按式(1-3)计算75μm筛余的含量W_1，并将结果填入表1-9中。

表1-9　膨润土75μm筛余测定实验数据记录表

测量次数	第1次	第2次	第3次
m, g			
m_1, g			
W_1, %			
平均值W_1, %			

四、安全提示及注意事项

（1）进行湿式筛洗的实验条件应尽量保持一致。

（2）废弃测定液倒入指定回收容器，严禁倒入下水道。

思考题

(1) 膨润土属于哪种晶格构造类型黏土？

(2) 膨润土为什么可以用作钻井液造浆土？

(3) 膨润土基浆有哪些作用？

(4) 膨润土基浆为何需密闭养护16h？

(5) 膨润土滤失量测量时为何选用7.5min~30min的滤液体积作为测量标准？

项目三　低黏羧甲基纤维素技术指标测定

羧甲基纤维素是一种阴离子型聚合物，我国生产的羧甲基纤维素是以棉纤维和氯乙酸钠为主要原料，经碱化和醚化处理后得到的水溶性高分子聚合物，用 CMC 表示。其纯度不同，外观呈白色或灰白色粉末，无毒，不溶于乙醇、甲醇、丙酮等有机溶剂，溶于冷水或热水，水溶液为透明黏稠的胶体，具有较好的耐盐性。工业产品根据 CMC 聚合度的不同，一般将其分为高黏、中黏和低黏三种产品。例如，将三种产品分别配成 2% 浓度的水溶液，用黏度计在 25℃ 条件下测定，高黏羧甲基纤维素（CMC-HVT）黏度为 1000~2000mPa·s；中黏羧甲基纤维素（CMC-MVT）黏度为 500~1000mPa·s；低黏羧甲基纤维素（CMC-LVT）黏度为 50~100mPa·s。在钻井液中，CMC 可用作降滤失剂和增黏剂，适用于各种类型的水基钻井液体系，其加量一般为 0.5%~1.2%。CMC-LVT 主要用作加重钻井液的降滤失剂，以免黏度过大；CMC-MVT 在钻井液中既可起到降滤失作用，又可起到增黏作用；CMC-HVT 一般用于低固相钻井液的悬浮剂、封堵剂和增黏剂。

CMC 降滤失作用的机理为：CMC 在钻井液中离解生成长链的多价阴离子，分子链中有大量的羟基和贰键存在，能与黏土表面的氧和羟基形成氢键吸附。CMC 分子链的多个水化基团使黏土水化膜变厚，ζ 电位升高，负电荷增加，阻止黏土颗粒间的聚结（护胶作用）。并且多个黏土细颗粒同时吸附在 CMC 的一条分子链上，形成布满整个体系的空间网架结构，从而提高了黏土颗粒的聚结稳定性。高度分散的膨润土细颗粒能够形成致密滤饼，降低钻井液滤失量。此外，具有高黏度和弹性的吸附水化层对滤饼的堵孔作用及 CMC 溶液的高黏度也在一定程度上起到降滤失作用。

对于钻井液用 CMC，主要对其增黏效果和降滤失效果进行评价，同时要求产品中不能含有淀粉或淀粉衍生物。因此，在进行 CMC 性能检测之前，应进行淀粉定性检测，如检测出淀粉，则没有必要进一步测定，检测样品不合格。

《钻井液材料规范》中对 CMC-LVT、CMC-HVT 的技术指标和检测方法均已做了说明，检测内容和方法大同小异，本次实训以 CMC-LVT 为例进行标准化操作练习。

根据 GB/T 5005—2010《钻井液材料规范》中的规定，CMC-LVT 技术指标要求见表 1-10。

表 1-10　CMC-LVT 技术指标要求

项目	指标
淀粉或淀粉衍生物	无
黏度计 600r/min 读值	≤90
悬浮液滤失量，mL	≤10

任务一 淀粉和淀粉衍生物检测

一、试剂与仪器

试剂：去离子水或蒸馏水；碘乙醇溶液，0.1mol/L；碘化钾（化学纯）；氢氧化钠（化学纯），稀溶液，0.1%~0.5%；CMC-LVT样品。

仪器：搅拌器，负载转速11000r/min±300r/min，或等效物；搅拌杯，近似尺寸为深180mm，上口直径97mm，下底直径70mm；刮刀；天平，精度0.01g；容量瓶，100mL；移液管或滴瓶；计时器，机械式或电子式；pH计；试管。

二、测定原理

淀粉是植物经光合作用形成的，由直链淀粉和支链淀粉组成，它们在结构和性质上有一定区别。直链淀粉在淀粉中的含量约为10%~30%，相对分子质量较小，几千到几十万不等，可溶于热水（70~80℃）形成胶体溶液而不呈糊状。直链淀粉构象不是伸开的一条链，而是卷曲盘旋成螺旋状存在，螺旋直径为1.3nm［图1-7(a)］。支链淀粉在淀粉中的含量约为70%~90%，相对分子质量比直链淀粉大得多，在100万~600万之间，不溶于冷水，在热水中膨胀成糊状。支链淀粉结构复杂，多为短链连接，分子结构上带有多个分支［图1-7(b)］。

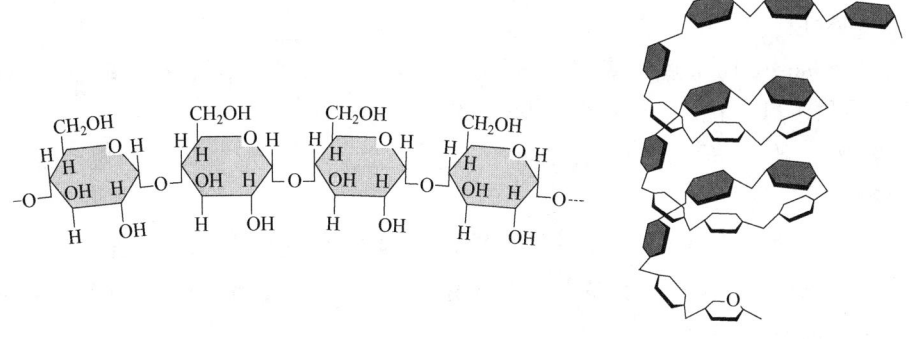

(a) 直链淀粉

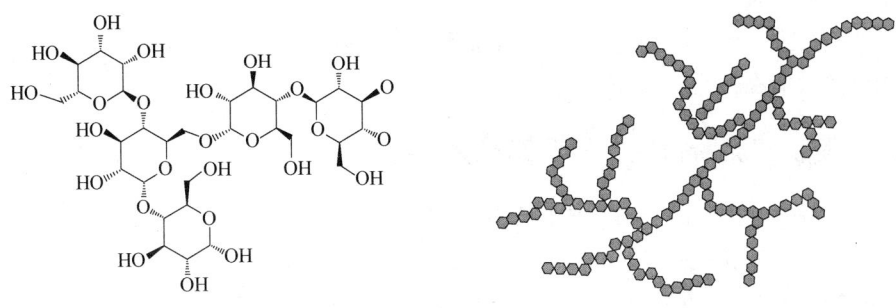

(b) 支链淀粉

图1-7 直链淀粉和支链淀粉结构示意图

直链淀粉遇碘呈蓝色，支链淀粉遇碘呈紫红色，糊精遇碘呈蓝紫、紫、橙等颜色，红糊精、白糊精都因遇碘显色不同而得名。直链淀粉的空间结构就像是螺旋状的空心管道，中间空腔的大小与碘分子体积接近。混合后，碘分子刚好嵌入直链淀粉螺旋体的轴心部位形成包合物，故而显色。若加热，分子热运动加剧，碘从空腔中跑出来，颜色会消失。同理，支链淀粉和糊精也能吸附碘，但吸附的程度不同，因此呈现的颜色也不同。支链淀粉遇碘后，碘能够钻入长短不一的螺旋卷曲管内显出不同颜色，支链淀粉遇碘呈现的紫红色正是蓝、红混合色。在实际检测过程中，淀粉遇碘究竟显什么颜色，应取决于该淀粉中直链淀粉和支链淀粉的比例。

本实验可用来检测 CMC-LVT 等水溶性聚合物中是否存在淀粉或淀粉衍生物。向待检测 CMC-LVT 中混入碘（碘化物）溶液，如果有淀粉或淀粉衍生物存在，会形成有色络合物。

三、测定步骤

（1）使用一支 100mL 容量瓶配制碘（碘化物）溶液。加入 10mL±0.1mL 的 0.1mol/L 碘溶液，以及 0.6g±0.01g 碘化钾（KI），轻轻摇动容量瓶以便溶解，加去离子水至 100mL 刻度线，然后彻底混合均匀。记录配制日期。

注意：将配制的碘（碘化物）溶液盛入一个密闭棕色容器中，存放在昏暗、凉爽而干燥的地方，静置 15min 后使用。有效期最长可达三个月，过期后应弃掉重新配制。

（2）配制待检测 CMC-LVT 的 5% 水溶液。向搅拌杯中加入 380g±0.1g 去离子水，边在搅拌器上搅拌边慢速而均匀地加入 20g±0.1g CMC-LVT，加样时间应持续 60s~120s。应将样品加至搅拌杯内的涡流中，并避开搅拌轴，以减少扬尘。

（3）搅拌 5min±0.1min 后，从搅拌器上取下搅拌杯，用刮刀刮下黏在杯壁上的所有 CMC-LVT，将黏在刮刀上的所有 CMC-LVT 混到溶液中。

（4）测量溶液的 pH 值。如果 pH 值低于 10，逐滴加入 NaOH 稀溶液，以便将 pH 值提到 10。

（5）将搅拌杯重新放到搅拌器上并继续搅拌。总搅拌时间应为 20min±1min。

（6）将 2mL±0.1mL 样品溶液盛入一支试管中，向试管中逐滴加入碘（碘化物）溶液，每次 3 滴，最多加 30 滴。

（7）用去离子水准备三份空白实验，分别向试管中加入 3 滴、9 滴、30 滴碘（碘化物）溶液，用来对比。

（8）每次加入 3 滴溶液之后，轻轻摇动试管，将样品溶液的颜色与空白实验进行比较。颜色比较应在白色背景下进行。

四、淀粉和淀粉衍生物检测结构判定

（1）如果（且只有）样品中不含有任何淀粉或淀粉衍生物，样品溶液会呈现黄色，与空白实验之一的颜色近似。

（2）如果出现浅绿色或深蓝色，无论是溶液还是沉淀，都表明有淀粉存在（直链淀粉）。

（3）如果出现浅粉红或红棕色，表明有高取代度淀粉、糊精或支链淀粉存在。

（4）如果出现其他任何颜色，都强烈表明有淀粉或淀粉衍生物存在。

（5）如果出现的颜色很快就消失，表明有还原剂存在。在这种情况下，继续逐滴加入碘（碘化物）溶液，按照（1）~（4）进行颜色比较。

（6）如淀粉或淀粉衍生物存在，则与表 1-10 中对产品的要求相矛盾，因此，没必要继续进行下一步检测。

五、安全提示及注意事项

（1）本实验对操作技能要求较高，应在教师指导下进行；操作者应对操作步骤和仪器有足够的熟练操作能力，严禁违规操作。

（2）废弃测定液倒入指定回收容器，严禁倒入下水道。

任务二　CMC-LVT 水溶液性能检测

一、试剂与仪器

试剂：API 标准评价土；氯化钠（化学纯）；碳酸氢钠（化学纯）；去离子水或蒸馏水；CMC-LVT 样品。

仪器：温度计，精度 0.5℃；天平，精度 0.01g；搅拌器；搅拌杯；刮刀；直读式六速旋转黏度计，符合 GB/T 16783.1—2014；计时器，2 只，机械式或电子式；量筒，3 支，容量分别为 10mL±0.1mL、100mL±1mL 和 500mL±5mL；容器，玻璃或塑料，带塞子或盖子，盛盐水用；API 中压滤失仪，符合 GB/T 16783.1—2014；滤纸：Whatman 50 型，或等效物；恒温设备（如恒温水浴），如果室温不在 25℃±1℃ 范围内，应有恒温设备，并设定在 25℃±1℃ 范围内。

二、测定步骤

1. 在去离子水中测定黏度计读值

（1）配制 CMC-LVT 水溶液。在搅拌杯中盛 350mL±5mL 去离子水，边在搅拌器上搅拌边缓慢均匀地加入 10.5g±0.01g CMC-LVT，加样时间应持续约 60s。加样时应避开搅拌轴，以减少扬尘。

注意：该加量相当于 30.0g/L±0.03g/L。

（2）搅拌 5min±0.1min 后，从搅拌器上取下搅拌杯，用刮刀刮下黏在杯壁上的所有 CMC-LVT，将黏在刮刀上的所有 CMC-LVT 混到溶液中。

（3）将搅拌杯重新放到搅拌器上并继续搅拌。必要时，再过 5min 和 10min 后从搅拌器上取下搅拌杯，刮下黏在杯壁上的所有 CMC-LVT。总搅拌时间应为 20min±1min。

（4）室温下或在恒温设备（25℃±1℃）中，将溶液在密闭或带盖容器中养护 16h。

（5）养护后，在搅拌器上搅拌 5min±0.1min。

（6）将溶液倒入黏度计样品杯中，测定黏度计在 600r/min 时的读值。应在要求转速下达到稳定值后读值，测定应在溶液温度为 25℃±1℃ 的条件下进行。

2. 测定悬浮液滤失量

（1）配制足量的饱和盐水溶液。取一个合适的容器，按照每 100mL±1mL 去离子水加

40g~45g 氯化钠的比例混合，并充分搅拌。将溶液静置约 1h，然后将上层清液轻轻倒出或过滤至一个储存容器。

（2）配制黏土悬浮液。在搅拌杯中盛入 350mL±5mL 饱和盐水，加入 1.0g±0.1g 碳酸氢钠，并在搅拌器上搅拌约 1min。

（3）边在搅拌器上搅拌，边缓慢加入 35g±0.1g API 标准评价土。

（4）搅拌 5min±0.1min 后，从搅拌器上取下搅拌杯，用刮刀刮下黏在杯壁上的所有 API 标准评价土，将黏在刮刀上的所有 API 标准评价土混到悬浮液中。

（5）将搅拌杯重新放到搅拌器上继续搅拌。必要时，再过 5min 和 10min 后从搅拌器上取下搅拌杯，刮下黏在杯壁上的所有 API 标准评价土。总搅拌时间应为 20min±1min。

（6）边在搅拌器上搅拌边慢速而均匀地加入 3.15g±0.01g CMC-LVT，加样时间应持续约 60s。应将样品加至搅拌杯内的涡流中，并避开搅拌轴，以减少扬尘。

注意：该加量相当于 9.00g/L±0.03g/L。

（7）搅拌 5min±0.1min 后，从搅拌器上取下搅拌杯，用刮刀刮下黏在杯壁上的所有 CMC-LVT。将黏在刮刀上的所有 CMC-LVT 混到悬浮液中。

（8）将搅拌杯重新放到搅拌器上继续搅拌。必要时，再过 5min 和 10min 后从搅拌器上取下搅拌杯，刮下黏在杯壁上的所有 CMC-LVT。总搅拌时间应为 20min±1min。

（9）室温下或在恒温设备（25℃±1℃）中，将悬浮液在密闭或带盖容器中养护 16h，记录养护温度。

（10）养护后，在搅拌器上搅拌 5min±0.1min。

（11）立即将 CMC-LVT 处理过的悬浮液倒入滤失仪样品杯中。在倒入悬浮液之前，要保证样品杯的所有部件都是干燥的，并且密封圈没有变形或磨损；悬浮液温度应为 25℃±1℃；将悬浮液倒至距样品杯顶端 13mm 以内；组装样品杯，将样品杯安装在支架上，并关闭减压阀，在排液管下放一容器。

（12）将一只计时器定在 7.5min，另一只定在 30min，同时启动两只计时器，并将样品杯压力调至 690kPa(100psi)±35kPa(5psi)。这两步操作应在 15s 内完成。压力应由压缩的空气、氮气或氩气提供。

（13）在第一只计时器计时结束时，移开容器并除去黏附在排液管上的所有液体，弃掉。在排液管下放一支干燥的 10mL 量筒，继续收集滤液至第二只计时器计时结束，移开量筒并记录收集的滤液体积 V_0。

三、计算与数据记录

按式(1-11)计算膨润土悬浮液的滤失量 V，并将测定结果填入表 1-11 中。

表 1-11　CMC-LVT 水溶液性能检测记录表

性能	测量次数	第1次	第2次	第3次	平均值
\multicolumn{2}{c}{ϕ_{600}}				
滤失量	V_c，mL				
	V，mL				

四、安全提示及注意事项

（1）本实验用到高速搅拌器，严禁将硬物带入搅拌器；操作人员服装、头饰必须整理整齐，无安全隐患；严禁搅拌器空转；操作中防止机械伤害。

（2）注意用电安全，严禁湿手、湿抹布等接触电线。

（3）废弃测定液倒入指定回收容器，严禁倒入下水道。

思考题

（1）淀粉有哪两种类型？各有何特点？

（2）为何要检测 CMC-LVT 是否含有淀粉？

（3）简述 CMC 在钻井液中的作用及其机理。

（4）将 CMC 加入搅拌杯中的液体中时，为何不能加得太快？

（5）CMC 在钻井液中使用时如何确定其加量？

项目四　钻井液用承压堵漏剂（Ⅰ、Ⅱ型）技术指标测定

　　井漏的主要原因是井筒内钻井液液柱压力大于地层孔隙压力或破裂压力。随着油气勘探开发的深入，钻井过程中遇到的地层越来越复杂，在钻进压力衰竭地层、破碎或弱胶结地层、裂缝发育地层及多套压力层系时，井漏问题非常严重。由井漏诱发的井壁失稳、坍塌、井喷等问题是长期以来油气探勘开发过程中的世界性难题，是制约勘探开发速度的主要技术瓶颈。同时井漏造成的钻井液损失巨大，而在储层段发生的漏失对储层的伤害更是难以估量。因此，近年来国内外进行了大量的钻井液堵漏材料及堵漏技术方面的研究工作，并取得了较好的应用效果。

　　目前常用的堵漏材料有桥接堵漏材料、高滤失堵漏材料、柔弹性堵漏材料、聚合物凝胶堵漏材料、水泥浆堵漏材料和膨胀性堵漏材料等。

　　（1）桥接堵漏材料包括各类形状不同、大小各异的单一惰性材料及级配而成的复合材料，在中国以果壳、云母、纤维及它们复配的形式为主，各种廉价化工副产品、废弃化工原料也可用作桥接堵漏材料。桥接堵漏是利用不同形状、尺寸的惰性材料，以不同的配方混合于钻井液中直接注入漏失层的一种堵漏方法。由于桥接堵漏具有操作简单、取材方便、施工安全、不影响钻井液流变性等特点，目前已成为现场处理井漏的主要方法，占所有井漏处理方法的50%以上，并取得了明显的效果，使用此方法可处理由孔隙和裂缝造成的部分漏失、失返漏失。采用桥接堵漏时应根据不同的漏层性质，选择堵漏材料的级配和浓度，否则在漏失通道中不能形成"架桥"，或是在井壁处"封门"，使堵漏失败。

　　（2）高滤失堵漏材料主要由渗透性材料、纤维状材料、硅藻土等按一定的比例混合而成，适用于处理渗漏、部分漏失及少量漏失。高滤失堵漏材料应用于堵漏作业时，堵漏材料进入漏失层后，在压差作用下迅速滤失并聚结变稠形成滤饼，滤饼在孔隙中被压实进而堵塞漏失通道。

　　（3）柔弹性堵漏材料具有较好的弹性、一定的可变形性、韧性和化学稳定性，可随着井下压力的改变而扩张和收缩，自适应封堵不同形状和尺寸的孔隙或裂隙，滞留在孔隙中从而形成有效封堵。该类堵漏材料有弹性石墨、碳酸钙和聚合物材料等。

　　（4）聚合物凝胶堵漏材料由凝胶类材料构成。在应用聚合物凝胶堵漏材料进行井漏封堵的过程中，其所具有的凝胶特性能够有效阻隔裂缝压力的传导，相对较低的固相含量能使其有效地自适应漏失通道并在钻井液压力等外力的作用下进入漏失通道或孔隙裂缝中完成对漏失通道的封堵。此外，聚合物凝胶堵漏材料还具有良好的黏滞阻力和抗剪切能力，能够与其他材料配合使用以达到更好的封堵效果，尤其是与惰性桥接材料相配合所形成的复配材料封堵效果更强。

　　（5）水泥浆堵漏材料包括水泥、石膏、石灰、硅酸盐类等混合浆液，以水泥为主，通过添加各种水泥浆处理剂和改善灌注工艺来提高封堵效果，其承压能力强，一般用于较为严重的井漏。水泥浆堵漏一般要求漏层位置比较清楚，主要用于处理自然横向裂缝、破

碎石灰岩及砾石层的漏失。

（6）膨胀性堵漏材料主要为溶胀性高分子聚合物，如丙烯酰胺丙烯腈共聚树脂，丙烯酸—丙烯酸钠共聚高分子吸水膨胀树脂等。该类堵漏材料水化后大幅膨胀，几小时内就能封堵非常严重的漏失地层。

地层漏失主要取决于地层性质，无论使用何种堵漏材料，均是通过人为方法提高地层的承压能力，封堵漏失孔道，进而达到防漏堵漏的目的。

钻井液堵漏材料在使用之前应对其性能进行检测，以确保堵漏材料满足钻井使用要求。本次实训以胜利油田 Q/SLCG0049—2014《钻井液用承压堵漏剂（Ⅰ、Ⅱ型）技术要求》为检测标准，承压堵漏剂应满足以下技术指标要求（表1-12）。

表1-12 钻井液用承压堵漏剂（Ⅰ、Ⅱ型）技术指标要求

项目	指标	
	Ⅰ型	Ⅱ型
外观	自由流动颗粒、粉末	自由流动颗粒、粉末
水分，%	≤12.0	≤12.0
筛余量，%	≤10.0（筛孔孔径0.90mm）	≤10.0（筛孔孔径2.0mm）
pH值	6.0~9.0	6.0~9.0
表观黏度，mPa·s	15.0~30.0	≤20.0
漏失量，mL	—	≤8.0
封闭滤失量，mL	≤20.0	≤20.0
抗压强度，MPa	≥5.0	≥5.0

任务一 堵漏剂样品外观、水分、筛余量、pH值测定

一、试剂与仪器

试剂：钻井液用承压堵漏剂样品（图1-8）；去离子水或蒸馏水。

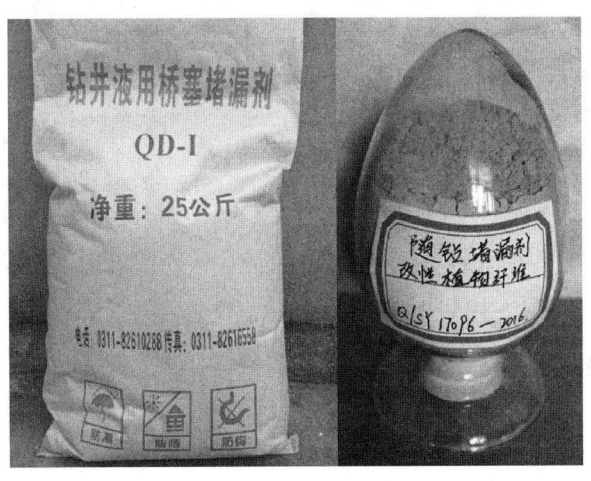

图1-8 钻井液用承压堵漏剂样品

仪器：天平，精度 0.01g 和 0.0001g 各 1 台；搅拌器，负载转速 11000r/min±300min；标准筛，筛孔孔径 0.90mm；恒温干燥箱，室温至 300℃，控温灵敏度±3℃；干燥器，用变色硅胶作干燥剂；称量瓶，ϕ50mm×30mm；广泛 pH 试纸，色阶 0.5；秒表，精确至 0.1s。

二、测定项目

1. 外观检测

在自然光下目测应为自由流动颗粒、粉末。

2. 水分检测

用已知质量的称量瓶称取堵漏剂样品 3g（精确至 0.0001g），置于 105℃±3℃ 的干燥箱中干燥 4h，取出放在干燥器中，冷却至室温，称量其质量（精确至 0.0001g）。

按式(1-12) 计算堵漏剂样品水分含量：

$$W=\frac{m_1-m_2}{m_1-m_0}\times100\% \tag{1-12}$$

式中 W——水分含量；
m_0——称量瓶质量，g；
m_1——烘干前称量瓶和试样质量，g；
m_2——烘干后称量瓶和试样质量，g。

3. 筛余量检测

称取已在 105℃±3℃ 烘干 2h 的试样 20g（精确至 0.01g），Ⅰ型、Ⅱ型产品分别置于筛孔孔径 0.90mm、2.0mm 的标准筛中，迅速摇动试样，直至无试样通过时为止，称取筛余物质量。

按式(1-13) 计算堵漏剂样品中筛余量：

$$W_1=\frac{m_3}{m_4}\times100\% \tag{1-13}$$

式中 W_1——筛余量；
m_3——筛余物质量，g；
m_4——试样质量，g。

4. pH 值检测

称取 1.0g 试样（精确至 0.01g），置于 200mL 烧杯中，加入 100mL 蒸馏水搅拌溶解 10min，用广泛 pH 试纸检测其 pH 值。

三、数据记录与处理

堵漏剂样品的测定结果数据列于表 1-13 中。

表1-13 堵漏剂样品外观、水分、筛余量、pH值测定实验数据记录表

检测项目	测量参数	测量次数			
		第1次	第2次	第3次	平均值
外观检测	流动状态				
水分检测	m_0, g				
	m_1, g				
	m_2, g				
	W, %				
筛余量检测	m_3, g				
	m_4, g				
	W_1, %				
pH值					

四、安全提示及注意事项

（1）本实验涉及高温操作，严禁违章操作，防止烫伤。
（2）注意用电安全，严禁湿手、湿抹布等接触电线。
（3）废弃测定液倒入指定回收容器，严禁倒入下水道。

任务二　堵漏剂样品表观黏度、漏失量、封闭滤失量、抗压强度测定

一、试剂与仪器

试剂：钠膨润土，符合SY/T 5490—2016要求；无水碳酸钠（分析纯）；石英砂，粒径0.45~0.60mm，用水冲洗至无尘土，在105±3℃下干燥4h，烘干后冷却至室温备用；去离子水或蒸馏水；堵漏剂样品。

仪器：天平，精度0.01g和0.0001g各1台；搅拌器，负载转速11000r/min±300min；六速旋转黏度计，Fann-35型或同类产品；标准筛，筛孔孔径0.90mm；恒温干燥箱，室温至300℃，控温灵敏度±3℃；干燥器，用变色硅胶作干燥剂；称量瓶，ϕ50mm×30mm；秒表，精确至0.1s；高温高压滤失仪，GGS71-B型或同类产品；量筒，容量分别为25mL、100mL、500mL、1000mL；API中压滤失仪，ZNS-1型滤失仪或同类产品；刮刀，或可以刮取搅拌杯杯壁钻井液的同类产品。

二、测定项目

1. 表观黏度测定

（1）量取蒸馏水1000mL倒入搅拌杯，在搅拌的条件下加入2.4g无水碳酸钠，溶解后边搅拌边缓慢加入40g钠膨润土，并避免其结成团块或扬灰。在11000r/min条件下高速搅拌20min，期间停下两次以刮下黏附在器壁上的黏土。搅拌结束后，将此基浆倒入样品杯中，室温下密闭养护24h。测定基浆的表观黏度应在6~10mPa·s范围内，如果不在

此范围应调整土的加量重新配制基浆。

（2）量取配制好的基浆 400mL，加入堵漏剂样品 12g，在 11000r/min 条件下高速搅拌 20min，期间停下两次以刮下黏附在杯壁上的物质。搅拌结束后使用六速旋转黏度计测量体系在 600r/min 的读数，并计算样品表观黏度。

2. 漏失量测定

（1）按 400mL 蒸馏水+2g 无水碳酸钠+20g 钠膨润土的比例配制基浆，在 11000r/min 条件下高速搅拌 5min，取下搅拌杯，用刮刀刮下黏附在器壁上的黏土，继续搅拌 15min，在室温下密闭养护 24h 备用。

（2）向（1）中配制好的基浆中分别加入 6gⅡ型样品，在 11000r/min 条件下高速搅拌 20min，期间停下两次以刮下黏附在杯壁上的物质。

（3）将（2）中配制好的待测液倒入 API 中压滤失仪液杯中，按操作规程放好干燥的密封圈和压板（不放滤纸），在 0.69MPa 压力下测定待测液 30min 的漏失量 V_1。

注意：在装填待测液、悬挂液杯的过程中始终用食指堵住压板出液口，防止因为没有滤纸导致待测液漏出，在打开进气阀、按下秒表的同时移开食指，接收漏出液。

3. 封闭滤失量测定

（1）在高温高压滤失仪液杯中加入 200g 粒径为 0.45~0.60mm 的石英砂，尽量铺平，把测完表观黏度的检测浆液缓慢、均匀地沿侧壁倒入液杯中，至刻度线。

（2）严格按高温高压滤失仪操作步骤安装上下压力阀，打开进气阀，调整压力值为 3.5MPa，在该压力下压制 30min。

（3）放掉实验压力，重新加压到 0.7MPa，测定 30min 的滤失量即为封闭滤失量 V_2。

注意：试验结束后，不要拆卸试验仪器和样品，以备后续实验使用。

4. 抗压强度测定

（1）在封闭滤失量测定完成后，调整进气阀向液杯继续加压，直到有钻井液从杯中漏出为止。

注意：漏出的不是钻井液滤液，而是堵漏剂达到最大承压能力后被破坏造成的钻井液漏失。

（2）记录钻井液漏出时的最大压力 p_{max}，即为该堵漏剂样品的抗压强度指标。

三、数据整理

处理后的实验数据记录入表 1-14。

表 1-14 堵漏剂样品表观黏度、漏失量、封闭滤失量、抗压强度测定实验数据记录表

检测项目	测量参数	测量次数			
		第 1 次	第 2 次	第 3 次	平均值
表观黏度	ϕ_{600}				
	AV，mPa·s				
漏失量	V_1，mL				

续表

检测项目	测量参数	测量次数			平均值
		第1次	第2次	第3次	
封闭滤失量	V_2，mL				
抗压强度	p_{max}，MPa				

四、安全提示及注意事项

（1）本实验涉及高压操作，严禁违章操作，防止炸伤。

（2）本实验用到高速搅拌器，严禁将硬物带入搅拌器；操作人员服装、头饰必须整理整齐，无安全隐患；严禁搅拌器空转；操作中防止机械伤害。

（3）注意用电安全，严禁湿手、湿抹布等接触电线。

（4）废弃测定液倒入指定回收容器，严禁倒入下水道。

思考题

（1）钻井液常用堵漏材料有哪些？各有何特点？

（2）堵漏材料的作用机理有哪些？发生井漏时如何选择堵漏材料？

（3）为何要评价堵漏材料的抗压强度？

（4）在堵漏作业中，还有哪些因素会影响堵漏效果？

（5）在堵漏剂评价实验中，还应该评价堵漏剂哪些性质？

情境二
水基钻井液配制与检测

水基钻井液是以水为分散介质,以黏土(淡水钻井液用膨润土、盐水或海水钻井液用海泡石等抗盐黏土)为分散相,并添加多种化学处理剂(调整其性能)配制而成的多组分分散体系。这类钻井液是石油钻井史上发展最早、使用最广泛的钻井液类型,因其具有成本相对较低、原材料来源广、对环境污染轻、配制方法简单、维护处理难度较低等优点,目前仍然是国内外油气勘探开发钻井施工中最主要的钻井液类型。随着钻井技术的不断发展,为适应储层保护、环境友好、深井及超深井钻井的需要,水基钻井液发展出了多种类型。根据水基钻井液中黏土水化分散程度可分为细分散钻井液、粗分散钻井液和不分散钻井液;根据所加处理剂的类型可分为有机硅钻井液、聚磺钻井液、聚合物钻井液、聚胺钻井液、正电胶钻井液、聚合醇钻井液、钙处理钻井液、盐水钻井液等;根据使用地层的条件还可分为加重钻井液、非加重钻井液、深井抗高温钻井液、抑制性钻井液、完井液等。

为了使读者对不同类型水基钻井液体系的配制、性能评价、现场使用与维护、钻井液配方设计与优化等知识和技能进行全方面地学习和技能训练,结合水基钻井液在现场使用过程中的实际工作任务提炼实训内容,设计以下四部分实训项目:

(1)基本水基钻井液体系配制。
(2)水基钻井液污染及处理。
(3)水基钻井液化学分析。
(4)水基钻井液配方设计与优化。

通过实训课程的集中训练,达到以下实训目的:

(1)具备独立完成5种类型水基钻井液体系的配制与常规性能测定的能力。
(2)能够根据性能测定数据对钻井液污染类型做出准确判断,并根据污染来源或地层特征给出合理的维护处理措施。
(3)能够对待测钻井液中Ca^{2+}含量、Mg^{2+}含量、Cl^-含量、碱度、石灰含量、膨润土含量等参数做出标准化检测。
(4)能够根据地层特点或钻井液性能要求完成钻井液配方设计与优化。
(5)培养仪器的规范操作能力及实验数据计算与分析处理的能力,增强团队协作、环境保护意识。

项目一 基本水基钻井液体系配制

水基钻井液是石油钻井史上使用时间最早、使用范围最广的钻井液类型，其基本组成是水、黏土及各种调节性能的化学处理剂。

由淡水、膨润土和各种对黏土、钻屑起分散作用的处理剂配制而成的水基钻井液称为细分散钻井液。该类钻井液是水基钻井液中使用最早的钻井液类型，具有配制方法简单、处理剂用量少、使用成本低、抗温性较强等优点，此外因其可容纳较多的固相，所以可配制成密度较大的钻井液体系；但也存在钻井液抗污染能力差、高固相含量对机械钻速影响较大、钻井液抑制性能差等缺点。目前该类钻井液主要用于钻一开（表层）井段或上部稳定井段。

通过使用某些絮凝剂（钙盐、钠盐等），并配合使用稀释剂和降滤失剂来控制黏土、岩屑的水化分散程度，可形成适度絮凝而又稳定的钻井液体系，钻井液体系中的黏土颗粒处于适度絮凝的粗分散状态，因此称为粗分散钻井液或抑制性钻井液。该类钻井液主要包括钙处理钻井液、盐水钻井液、KCl聚合物钻井液和复合盐水钻井液等。该类钻井液因其较强的抑制性和抗污染性能主要用于钻进大段岩盐层、盐膏层、泥页岩地层等高矿化度或易水化膨胀地层。

聚合物钻井液是目前石油钻井中使用最广泛的水基钻井液类型。广义上讲，凡是使用线型水溶性聚合物作为处理剂的钻井液体系都可称为聚合物钻井液，但通常将聚合物作为主处理剂或主要用聚合物调控性能的钻井液体系称为聚合物钻井液。不分散低固相聚合物钻井液是聚合物钻井液中最具代表性的钻井液体系，自20世纪70年代研发成功之后，得到迅速发展，因其具有大幅提高钻井速度、降低钻井成本、水敏性地层防塌效果明显等特点，成为20世纪70年代钻井工艺最有影响的新技术。

泡沫钻井液是气液混合而成的钻井液，严格意义上说，该类钻井液不属于水基钻井液范畴，但随着钻井过程中钻遇异常低压地层和大段漏失地层的情况越来越多，泡沫钻井液因其优异的防漏堵漏效果，越来越多地用于有严重漏失和连续低压的地区钻井。在使用水基钻井液钻井的井段，当遇到低压地层或大段漏失层时，可在不改变井场所有钻井设备的前提下临时将钻井液体系转化为泡沫钻井液进行处理。因此，从实际应用角度出发，将泡沫钻井液体系的配制放在基本水基钻井液体系配制实训项目中。

泡沫钻井液分为一次性泡沫钻井液和可循环硬胶泡沫钻井液两种类型。一次性泡沫钻井液通过在加了增稠剂的水中加入发泡剂和稳泡剂配制而成。钻井过程中，新配制的泡沫用泵打入井内钻具中，然后在环空上返，携带钻屑返出井口，排放至地面的排污池中。为了使钻井作业连续不断，就需要不停地配制泡沫并将其打入井内。这种泡沫外观如同剃须膏一样，具有良好的悬浮和携带钻屑能力，它的缺点是由于泡沫单次使用，并且需要特种设备使得使用成本较高。

可循环硬胶泡沫钻井液是由水、膨润土和空气（或其他气体）三相组成的泡沫钻井液。它可以反复在井内循环使用,因为这种泡沫的气泡足够牢固,可以承受流动的冲击力。此外,井场常规钻井设备即可满足可循环硬胶泡沫钻井液钻井作业要求,不需要特殊的设备。可循环硬胶泡沫钻井液专门用于有严重漏失和连续低压的地区钻井。

注意: 本实训项目配制的所有类型钻井液在性能测定后,可单独存放在钻井液杯中,贴好标签,密封保存,后续的实训项目(水基钻井液污染及处理、化学分析)可继续使用相应的钻井液体系。

任务一 膨润土基浆配制

膨润土基浆是配制所有水基钻井液的基础浆液,其性能的好坏直接决定水基钻井液中处理剂的分散、作用效果,与水基钻井液最终性能息息相关。

一、试剂与仪器

试剂:膨润土;无水碳酸钠(化学纯);氢氧化钠(化学纯)。

仪器:天平,精度 0.01g;量筒,500mL、20mL 和 10mL 各 1 支;广泛 pH 试纸,色阶 0.5;搅拌器,负载转速 11000r/min±300r/min;六速旋转黏度计;API 中压滤失仪;滤纸,直径 90mm,API 中压滤失仪专用;秒表,精确至 0.1s;马氏漏斗黏度计 1 套。

二、配制原理

天然膨润土多为钙土(钙蒙脱石),水化分散性差、造浆率低,不能直接用于膨润土基浆配制。在配制膨润土基浆时,首先向清水中加入碳酸钠提供 Na^+,将天然钙土转化成改性钠土(钠蒙脱石),使得黏土 ζ 电位升高、扩散层变厚,黏土水化分散性增强,提高基浆造浆率(图 2-1)。

$$Ca^{2+}_{(土)} + Na_2CO_3 \longrightarrow 2Na^+_{(土)} + CaCO_3 \downarrow$$

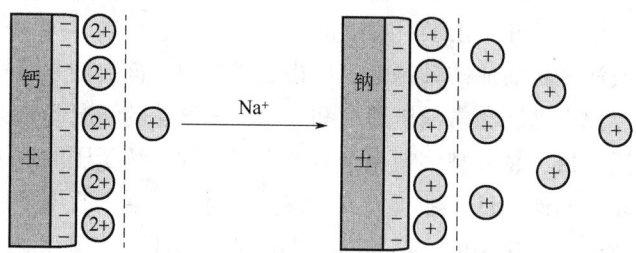

图 2-1 钙土转化为钠土的扩散双电层变化

三、配制步骤

膨润土基浆配方见表 2-1。

表 2-1 膨润土基浆配方

材料和处理剂	功用	用量(质量分数),%
膨润土	增稠	2.5~5.0

续表

材料和处理剂	功用	用量(质量分数),%
NaOH	调节 pH 值	0.07~0.15
CMC（选用）	降滤失	0.1~0.3
Na_2CO_3	促进膨润土水化和控制 Ca^{2+} 含量(<150mg/L)	0.2~0.3

膨润土基浆配制步骤为：

（1）用 500mL 量筒量取 400mL 清水倒入搅拌杯中。

（2）用天平依次称取 1.5g 无水碳酸钠和 0.5g 氢氧化钠加入清水中，搅拌溶解 2min。

（3）用天平称取 16g 膨润土加入搅拌杯中，11000r/min 下搅拌 5min±0.1min 后，从搅拌器上取下搅拌杯，用刮刀刮下黏在杯壁上的所有黏土，将黏在刮刀上的所有黏土混到悬浮液中，继续搅拌，从加入膨润土开始的总搅拌时间应为 20min±1min。

（4）在 25℃±1℃下，将悬浮液在密闭或带盖容器中静置养护 24h，记录养护温度。

淡水基浆油田现场配制（视频 2-1）分成三个部分：

（1）配浆水软化：如配浆水含有大量 Ca^{2+} 和 Mg^{2+} 或其矿化度超过 1000mg/L，应用无水碳酸钠预处理，以提高造浆率，使膨润土浆达到理想黏度。

视频 2-1 淡水基浆油田现场配制

（2）膨润土预水化：将所需数量的膨润土、水和无水碳酸钠或氢氧化钠在罐中搅拌，并用泵循环 2~4h，然后将其静置 16~24h。

（3）如必要，可加入一定数量的降滤失剂和增黏剂。

四、性能要求

养护后的膨润土基浆性能应满足表 2-2 性能指标要求。

表 2-2 膨润土浆性能指标

性能参数	参数范围
FV,s	30~55
PV,mPa·s	8~12
YP,Pa	5~10
$G_{10''}/G_{10'}$,Pa	2.5~7.5/5~15
FL,mL	<20
pH 值	8~10

注：FV—漏斗黏度；PV—塑性黏度；YP—动切力；$G_{10''}$—初切力；$G_{10'}$—终切力；FL—API 中压滤失量。

膨润土基浆性能测定实验数据记录在表 2-3 中。

表 2-3 膨润土基浆性能测定实验数据记录表

性能参数	测量结果
FV,s	
PV,mPa·s	

续表

性能参数	测量结果
YP, Pa	
$G_{10''}/G_{10'}$, Pa	
FL, mL	
pH 值	

五、安全提示及注意事项

（1）本实验用到腐蚀性药品，药品称量、加药过程中要规范操作，严禁违章操作，防止药品与皮肤接触；如果不慎与皮肤接触，应立即用大量清水冲洗，然后用3%硼酸溶液清洗。

（2）本实验用到高速搅拌器，严禁将硬物带入搅拌器；操作人员服装、头发必须整理整齐，无安全隐患；严禁搅拌器空转；操作中防止机械伤害。

（3）注意用电安全，严禁湿手、湿抹布等接触电线。

（4）废弃测定液倒入指定回收容器，严禁倒入下水道。

注意：膨润土基浆是水基钻井液配制的基础浆液。本次实训结束后，可由实训教师指导学生在50L基浆桶中配制一桶膨润土基浆，以供后续实训使用。

任务二　细分散钻井液配制

一、试剂与仪器

试剂：膨润土基浆（任务一配制）；磺甲基单宁（SMT）或磺化栲胶（SMK）；羧甲基纤维素（CMC）；聚阴离子纤维素（PAC）；磺甲基褐煤树脂（SPNH）；磺化酚醛树脂（SMP-2）；无荧光固体润滑剂或其他润滑剂产品；氢氧化钠（NaOH，化学纯）。

仪器：天平，精度0.01g；量筒，500mL、20mL和10mL各1支；广泛pH试纸，色阶0.5；搅拌器，负载转速11000r/min±300r/min；六速旋转黏度计；API中压滤失仪；滤纸，直径90mm，API中压滤失仪专用；秒表，精确至0.1s；马氏漏斗黏度计1套。

二、配制步骤

细分散钻井液配方见表2-4。

表2-4　细分散钻井液配方

材料和处理剂	功用	用量(质量分数),%
膨润土基浆	钻井液基础浆液	—
SMT	降黏剂	0.5~1
SMK(选用)	降黏剂	0.5~1
CMC	降滤失剂	0.2~0.4
PAC(选用)	降滤失剂	0.2~0.4

续表

材料和处理剂	功用	用量(质量分数),%
SPNH	高温降滤失剂	2~3
SMP-2	抗盐抗高温降滤失剂	2~4
无荧光固体润滑剂	润滑剂	1~3
NaOH	pH 调节	0.1~0.3

细分散钻井液参考配方：400mL 膨润土基浆+0.5%SMT+2%SPNH+2%SMP-2+0.2%CMC+2%无荧光固体润滑剂，其配制步骤为：

（1）用 500mL 量筒取配制好的膨润土基浆 400mL 倒入搅拌杯，在 3000r/min 条件下低速搅拌 2min。

（2）将搅拌速度提高到 8000~11000r/min，按钻井液配方顺序依次将称量好的处理剂缓慢加入钻井液中。注意处理剂不能黏在杯壁上，也不能黏在搅拌杆上；每种处理剂加入钻井液后应有一定的间隔时间，以使处理剂充分分散；总加药时间不得少于 10min；加药结束后将钻井液高速搅拌 20min。

注意：搅拌速度根据钻井液搅拌情况进行调整，如果钻井液黏度较大，则适当提高搅拌速度；CMC 类聚合物处理剂应缓慢加入钻井液中，防止加药速度过快处理剂絮凝成团块。

（3）搅拌结束后测定钻井液流变参数、滤失参数、pH 值等参数并填写实验数据记录表。

三、性能要求

配制好的细分散钻井液性能应满足表 2-5 性能指标要求。

表 2-5 细分散钻井液性能指标

性能参数	参数范围
FV, s	25~40
PV, mPa·s	8~12
YP, Pa	2.5~7.5
$G_{10''}/G_{10'}$, Pa	0~5/5~15
FL, mL	<8
pH 值	9.5~11.5

细分散钻井液性能测定实验数据记录在表 2-6 中。

表 2-6 细分散钻井液性能测定实验数据记录表

性能参数	测量结果
FV, s	
PV, mPa·s	
YP, Pa	

续表

性能参数	测量结果
$G_{10''}/G_{10'}$, Pa	
FL, mL	
pH 值	

四、安全提示及注意事项

（1）本实验用到腐蚀性药品，药品称量、加药过程中要规范操作，严禁违章操作，防止药品与皮肤接触；如果不慎与皮肤接触，应立即用大量清水冲洗，然后用3%硼酸溶液清洗。

（2）本实验用到高速搅拌器，严禁将硬物带入搅拌器；操作人员服装、头发必须整理整齐，无安全隐患；严禁搅拌器空转；操作中防止机械伤害。

（3）注意用电安全，严禁湿手、湿抹布等接触电线。

（4）废弃测定液倒入指定回收容器，严禁倒入下水道。

任务三　粗分散钻井液配制

在含有黏土的泥岩、页岩地层，高矿化度的含盐、含钙地层或大段水泥塞井段进行钻井时，需使用具有抑制效果的粗分散钻井液（抑制性钻井液）。粗分散钻井液主要有钙处理（钙基）钻井液和盐水钻井液两种，此外还有聚胺等聚合物类钻井液。钙处理钻井液主要用于钻进黏土层、泥页岩地层等易水化膨胀地层或用于钻水泥塞、含钙的高矿化度地层；盐水钻井液主要用于钻盐水层、盐岩层和盐丘，也用于钻大段剥落和崩散性的页岩层，以保持井壁的稳定。

一、试剂与仪器

试剂：膨润土基浆（任务一配制）；生石灰（CaO）；氯化钠（NaCl）；磺甲基单宁（SMT）或磺化栲胶（SMK）；磺化沥青（FT-1）；羧甲基纤维素钠盐（CMC）；聚阴离子纤维素（PAC）；磺甲基褐煤树脂（SPNH）；磺化酚醛树脂（SMP-2）；RH-3 或其他润滑剂产品；氢氧化钠（NaOH，化学纯），等等。

仪器：天平，精度 0.01g；量筒，500mL、20mL 和 10mL 各 1 支；广泛 pH 试纸，色阶 0.5；搅拌器，负载转速 11000r/min±300r/min；六速旋转黏度计；API 中压滤失仪；滤纸，直径 90mm，API 中压滤失仪专用；秒表，精确至 0.1s；滤饼黏滞系数测定仪。

二、配制原理

1. 钙处理钻井液配制原理

Ca^{2+} 改变黏土分散度的作用机理有两个：一是 Ca^{2+} 通过与 Na^+ 交换，将钠土转变为钙土，钙土水化能力弱，分散度低，故转化后体系分散度明显下降；二是 Ca^{2+} 本身是一种无机絮凝剂，会压缩黏土颗粒表面的扩散双电层，使水化膜变薄，ζ 电位下降，从而引起黏土晶片面—面和端—面的聚结，造成黏土颗粒分散度下降。因此，钙处理钻井液在加 Ca^{2+} 的同时，还必须加入 SMT、CMC 等分散剂。由于这类分散剂的分子中含有大量的水化基团，当吸附在黏土颗粒表面后，会引起水化膜增厚，ζ 电位增大，从而阻止黏土晶片之间的聚结。

钙处理钻井液通过调节 Ca^{2+} 和分散剂的相对含量，使钻井液处于适度絮凝的粗分散状态，从而使其性能保持相对稳定，并达到满足钻井工艺要求的目的。图 2-2 描述了细分散钻井液和钙处理钻井液中黏土在分散状态上的区别。

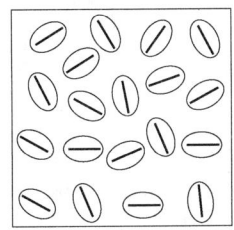 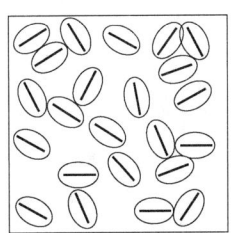

(a) 细分散钻井液(黏土分散)　　　(b) 钙处理钻井液(黏土适度絮凝)

图 2-2　细分散钻井液和钙处理钻井液中黏土的分散状态

2. 盐水钻井液配制原理

盐水钻井液的配制是通过人为添加无机阳离子（多为一价钠盐）来抑制黏土颗粒的水化分散，并在分散剂的协同作用下，形成粗分散钻井液的过程。在使用过程中特别注意需根据含盐量的多少来决定所选分散剂的类型和用量。

三、配制步骤

钙处理钻井液配方见表 2-7。

表 2-7　钙处理钻井液配方

材料和处理剂	功用	用量(质量分数),%	备注
膨润土基浆	钻井液基础浆液	—	
CaO	提供 Ca^{2+}	1~2	用于石灰钻井液
SMT	降黏剂、降滤失剂	0.5~1.4	供选择
SMK	降黏剂、降滤失剂	0.5~1.4	
SMC	降黏剂、降滤失剂	0.5~1.4	
CMC	降滤失剂	0.3~0.8	供选择
PAC	降滤失剂	0.3~0.8	
淀粉	降滤失剂	0.6~1.4	
SPNH	高温降滤失剂	0.5~1.5	用于大于 3500m 井深
SMP-2	抗盐抗高温降滤失剂	0.5~1.5	
RH-3	润滑剂	1~3	
NaOH	pH 调节	0.3~0.8	

钙处理钻井液参考配方：400mL 膨润土基浆+0.5%SMT+0.5%SMK+0.5%CMC+0.2%

PAC+1%SPNH+1%SMP-2+2%RH-3+1%CaO（NaOH 调节 pH 值为 11~12）。

盐水钻井液配方见表 2-8。

表 2-8 盐水钻井液配方

材料和处理剂	功用	用量（质量分数），%	备注
膨润土基浆	钻井液基础浆液	—	
NaCl	提供 Na^+	根据需要	海水钻井液(含盐量约为 3%) 盐水钻井液(含盐量 8%~12%) 饱和盐水钻井液(含盐量>30%)
SMT	降黏剂、降滤失剂	0.8~1.5	供选择
SMK	降滤失剂	1~2	
CMC	降滤失剂	0.8~1.2	供选择
PAC	降滤失剂	0.4~0.8	
淀粉类衍生物	降滤失剂	1~1.5	
SPNH	高温降滤失剂	1~2	用于大于 3500m 井深
SMP-2	抗盐抗高温降滤失剂	1~2	
RH-3	润滑剂	1.5~3	
NaOH	pH 调节	0.5~1.2	
FT-1	稳定井壁	0.5~2	
消泡剂	消泡	0.01~0.03	

盐水钻井液参考配方：400mL 膨润土基浆+1%SMT+1.5%SMK+1%CMC+0.5%PAC+2%SPNH+2%SMP-2+2%RH-3+10%NaCl（NaOH 调节 pH 值为 9.5~11）。

粗分散钻井液的配制步骤为：

（1）用 500mL 量筒取配制好的膨润土基浆 400mL 倒入搅拌杯，在 3000r/min 条件下低速搅拌 2min。

（2）将搅拌速度提高到 8000~11000r/min，按钻井液配方顺序依次将称量好的处理剂缓慢加入钻井液中。注意处理剂不能黏在杯壁上，也不能黏在搅拌杆上；每种处理剂加入钻井液后应有一定的间隔时间，以使处理剂充分分散；总加药时间不得少于 10min；加药结束后将钻井液高速搅拌 20min。

注意：搅拌速度根据钻井液搅拌情况进行调整，如果钻井液黏度较大，则适当提高搅拌速度；CMC、PAC 类聚合物处理剂应缓慢加入钻井液中，防止加药速度过快处理剂絮凝成团块。

（3）搅拌结束后测定钻井液流变参数、滤失参数、pH 值等参数并填写实验数据记录表。

钻井液配制过程中应注意以下事项：

（1）应按照配方顺序依次加入处理剂药品，钙处理钻井液配制过程中要先加入降黏剂和降滤失剂，然后再加入提供 Ca^{2+} 的处理剂，这样可避免加入含钙处理剂后的增黏效应。

（2）配制钙处理钻井液时为取得满意的钻井液性能和要求达到的 Ca^{2+} 含量，应严格控制 pH 值，正确调整 NaOH 和含钙处理剂的加量。石灰钻井液的 pH 值为 11~12，石膏钻井液的 pH 值为 9~10.5。

（3）配制在盐水钻井液时，因为 NaCl 的加入会使 pH 值降低，应不断补充 NaOH，以使 pH 值保持在 9.5~11。

（4）配制和使用盐水钻井液时经常会出现发泡现象，因其液相表面张力较高，应加入适量消泡剂消泡。

盐水钻井液现场配制步骤见视频 2-2。

视频 2-2 盐水钻井液现场配制步骤

四、性能测定与记录

按钻井液常规性能测定方法测定配制好的钙处理钻井液和盐水钻井液性能，并将测定数据填写到表 2-9 中。

表 2-9 粗分散钻井液性能测定实验数据记录表

性能参数	测量结果	
	钙处理钻井液	盐水钻井液
AV, mPa·s		
PV, mPa·s		
YP, Pa		
YP/PV, Pa/(mPa·s)		
$G_{10''}/G_{10'}$, Pa		
流性指数 n		
稠度系数 K, mPa·s^n		
FL, mL		
pH 值		
滤饼厚度 h, mm		
滤饼黏附系数		

五、安全提示及注意事项

（1）本实验用到腐蚀性药品，药品称量、加药过程中要规范操作，严禁违章操作，防止药品与皮肤接触；如果不慎与皮肤接触；应立即用大量清水冲洗，然后用 3% 硼酸溶液清洗。

（2）本实验用到高速搅拌器，严禁将硬物带入搅拌器；操作人员服装、头发必须整理整齐，无安全隐患；严禁搅拌器空转；操作中防止机械伤害。

（3）注意用电安全，严禁湿手、湿抹布等接触电线。

（4）废弃测定液倒入指定回收容器，严禁倒入下水道。

任务四 聚合物钻井液配制

不分散低固相聚合物钻井液具有密度低、压差小特点，可实现近平衡钻井，同时体系中黏土及亚微米颗粒含量低，有利于维持产层渗透率，起到保护储层的作用，适用于钻进层理裂隙不发育的易膨胀、强分散地层或已下技术套管的低压储层。

KCl 聚合物钻井液广泛应用于 3000m 以内的黏土层、泥页岩地层钻井，可有效抑制黏土和泥页岩水化膨胀、分散及剥落。

一、试剂与仪器

试剂：膨润土基浆；氯化钾（KCl）；氢氧化钾（KOH）；聚丙烯酰胺（PHPA）；聚丙烯酰胺钾盐（KPAM）；水解聚丙烯腈铵盐（NH_4-HPAN）；聚阴离子纤维素（PAC）；羧甲基纤维素（CMC）；磺甲基褐煤树脂（SPNH）；黄原胶（XC）；RH-3 或其他润滑剂产品；磺化沥青（FT-1）；聚合物降黏剂 X-A_{40}（聚丙烯酸钠）。

以上处理剂可根据具体钻井液配方选择性使用。

仪器：天平，精度 0.01g；量筒，500mL、20mL 和 10mL 各 1 支；广泛 pH 试纸，色阶 0.5；搅拌器，负载转速 11000r/min±300r/min；六速旋转黏度计；API 中压滤失仪；滤纸，直径 90mm，API 中压滤失仪专用；秒表，精确至 0.1s；滤饼黏滞系数测定仪。

二、配制原理

1. 不分散低固相聚合物钻井液配制原理

不分散低固相聚合物钻井液体系中的核心处理剂——阴离子聚合物处理剂具有选择性絮凝作用，能够絮凝小钻屑和劣质土，降低钻井液中亚微米粒子含量，维持钻井液的低固相状态；同时高分子聚合物具有良好的包被作用，包被钻井液体系中的钻屑颗粒，有效防止钻屑进一步分散；此外，聚合物处理剂的桥联作用形成的空间网架结构使钻井液具有较低滤失量和较好的抑制性能，有利于维持井壁稳定。

2. KCl 聚合物钻井液配制原理

钻井液中 K^+ 比其他可交换阳离子吸附能力强，极易把黏土表面的其他阳离子置换下来，K^+ 可嵌入黏土晶格六角环中，增强黏土晶层间的连接力，使黏土不易膨胀和分散；同时，K^+ 的连接作用使黏土层面形成封闭结构，防止黏土表面水化。

KCl 聚合物处理剂在钻屑表面的包被作用是阻止钻屑分散的主要原因，包被能力越强，对钻屑分散的抑制作用越强。同时长链聚合物在泥页岩井壁表面发生多点吸附，封堵微孔隙，一方面降低钻井液滤失量，另一方面形成的致密吸附膜还可阻止泥页岩剥落，稳定井壁。

三、配制步骤

不分散低固相聚合物钻井液参考配方：

（1）400mL 清水+0.2%Na_2CO_3+0.2%NaOH+3%膨润土，按基浆配制方法配制基浆并

密闭养护 24h。

（2）400mL 膨润土基浆+0.2%聚合物钻井液降黏剂 X-A_{40}+0.5%CMC+0.2%KPAM+2%RH-3（pH 值为 7~10）。

KCl 聚合物钻井液配方见表 2-10。

表 2-10 KCl 聚合物钻井液配方

材料和处理剂	功用	用量(质量分数),%	备注
膨润土基浆	钻井液基础浆液	—	
KCl	提供 K^+	7~11	
KOH	调节 pH，提供 K^+	0.8~1.5	
PHPA	包被增稠剂	根据需要	供选择
KPAM	包被增稠剂	1~2	
NH_4-HPAN	降黏剂，降滤失剂	0.3~0.6	
PAC	降滤失剂	0.3~0.6	供选择
CMC	降滤失剂	0.3~0.6	
SPNH	高温降滤失剂	0.5~2	用于>3500m 井深
XC	凝胶剂	0.3~0.5	供选择
RH-3	润滑剂	1.5~3	
FT-1	稳定井壁	0.5~2	

KCl 聚合物钻井液参考配方：400mL 膨润土基浆+0.5%NH_4-HPAN+2%SPNH+0.5%CMC+0.5%PAC+2%RH-3+8%KCl+1%KPAM（KOH 调节 pH 值为 9.5~11）。

聚合物钻井液配制步骤为：

（1）用 500mL 量筒取配制好的膨润土基浆 400mL 倒入搅拌杯，在 3000r/min 条件下低速搅拌 2min。

（2）将搅拌速度提高到 8000~11000r/min，按钻井液配方顺序依次将称量好的处理剂缓慢加入钻井液中。注意处理剂不能黏在杯壁上，也不能黏在搅拌杆上；每种处理剂加入钻井液后应有一定的间隔时间，以使处理剂充分分散；总加药时间不得少于 10min；加药结束后钻井液高速搅拌 20min。

注意：搅拌速度根据钻井液搅拌情况进行调整，如果钻井液黏度较大，则适当提高搅拌速度；CMC、PAC、KPAM 类聚合物处理剂应缓慢加入钻井液中，防止加药速度过快处理剂絮凝成团结块。

（3）搅拌结束后测定钻井液流变参数、滤失参数、pH 值等参数并填写实验数据记录表。

钻井液配制过程中应注意以下事项：

（1）配制钻井液时应按照配方顺序依次加入处理剂药品，KCl 聚合物钻井液配制过程中要先加入降黏剂和降滤失剂，然后再加入提供 K^+ 的处理剂，这样可确保其他处理剂与黏土充分吸附，达到更好的护胶效果，保证钻井液的稳定性。

（2）不分散低固相钻井液控制 pH 值在 7~10，KCl 聚合物钻井液 pH 值保持在 9.5~11。

聚合物钻井液现场配制步骤见视频 2-3。

四、性能测定与记录

按钻井液常规性能测定方法测定配制好的不分散低固相聚合物钻井液和 KCl 聚合物钻井液性能，并将测定数据填写到记录表 2-11 中。

视频 2-3 聚合物钻井液现场配制步骤

表 2-11 聚合物钻井液性能测定实验数据记录表

性能参数	测量结果	
	不分散低固相聚合物钻井液	KCl 聚合物钻井液
$AV, mPa \cdot s$		
$PV, mPa \cdot s$		
YP, Pa		
$YP/PV, Pa/(mPa \cdot s)$		
$G_{10''}/G_{10'}, Pa$		
n		
$K, mPa \cdot s^n$		
FL, mL		
pH 值		
h, mm		
滤饼黏附系数		

五、安全提示及注意事项

（1）本实验用到腐蚀性药品，药品称量、加药过程中要规范操作，严禁违章操作，防止药品与皮肤接触；如果不慎与皮肤接触，应立即用大量清水冲洗，然后用 3% 硼酸溶液清洗。

（2）本实验用到高速搅拌器，严禁将硬物带入搅拌器；操作人员服装、头发必须整理整齐；无安全隐患；严禁搅拌器空转；操作中防止机械伤害。

（3）注意用电安全，严禁湿手、湿抹布等接触电线。

（4）废弃测定液倒入指定回收容器，严禁倒入下水道。

任务五　泡沫钻井液配制

泡沫钻井液是为了适应漏失、低压地层而开发的一种新型的用于平衡钻井和欠平衡钻井过程的气液固多相流钻井液体系。泡沫钻井液可分为一次性泡沫（也称稳定泡沫或纯泡沫）钻井液和可循环硬胶泡沫（微泡钻井液）钻井液。一次性泡沫钻井液由气体（氮气、空气、天然气或二氧化碳等）、水、发泡剂、稳泡剂和其他化学助剂组成；可循环硬胶泡沫是由黏土、气体、发泡剂和稳定剂组成的稳定分散体系。

一次性泡沫钻井液见视频 2-4。

视频 2-4 一次性泡沫钻井液

一、试剂与仪器

试剂：纯净水或蒸馏水；膨润土；十二烷基硫酸钠、十二烷基磺酸钠、十二烷基苯磺酸钠；月桂醇；三乙醇胺；高黏羧甲基纤维素（CMC-HVT）；黄原胶（XC）；磺甲基褐煤树脂（SPNH）；磺化酚醛树脂（SMP-2）；高黏聚阴离子纤维素（PAC-HVT）；烷基酚聚氧乙烯醚（OP-10）。

以上处理剂可根据具体钻井液配方选择性使用。

仪器：天平，精度0.01g；量筒，20mL、500mL、2000mL各1支；广泛pH试纸，色阶0.5；搅拌器，负载转速11000r/min±300r/min；六速旋转黏度计；API中压滤失仪；滤纸，直径90mm，API中压滤失仪专用；秒表，精确至0.1s；滤饼黏滞系数测定仪。

二、配制原理

泡沫是气体分散在液体中形成的稳定分散体系，在发泡剂的作用下，通过搅拌可以获得稳定的泡沫。有些发泡剂具有很强的发泡能力，可以形成稳定的泡沫体系；有些发泡剂发泡率很高，但泡沫粗糙，很容易破裂，有限期短，因此需加入稳泡剂提高气液界面稳定性。

三、配制步骤

1. 一次性泡沫钻井液配制步骤

一次性泡沫钻井液配方见表2-12。

表2-12 一次性泡沫钻井液配方

材料和处理剂	功用	用量(质量分数)，%	备注
十二烷基硫酸钠	发泡剂	0.2~0.5	阴离子型(供选择)
十二烷基磺酸钠	发泡剂	0.2~0.5	
十二烷基苯磺酸钠	发泡剂	0.2~0.5	
OP-10	发泡剂	0.2~0.5	非离子型(可与阴离子型复配)
月桂醇	稳泡剂	0.1~0.3	表面活性剂协同作用，表面吸附膜强度增加
三乙醇胺	稳泡剂	0.1~0.3	
CMC-HVT	稳泡剂、增稠剂	0.1~0.5	提高液相黏度，降低泡沫排液速度
XC	稳泡剂、增稠剂	0.1~0.5	
PAC-HVT	稳泡剂、增稠剂	0.1~0.5	
SPNH	降滤失剂	1~2	
SMP-2	降滤失剂	1~2	

一次性泡沫钻井液参考配方：300mL清水+0.5%CMC-HVT+0.5%XC+0.5%十二烷基磺酸钠。

一次性泡沫钻井液配制步骤为：

（1）用500mL量筒取300mL清水倒入搅拌杯，开启搅拌器在8000r/min下搅拌，按钻井液配方顺序依次将称量好的 CMC-HVT 和 XC 加入搅拌杯中。注意处理剂不能黏在杯壁上，也不能黏在搅拌杆上；加药结束后钻井液高速搅拌 10min。

（2）将搅拌器转速调至 10000r/min，缓慢加入称量好的十二烷基磺酸钠，搅拌 10min。

（3）搅拌结束后迅速把钻井液倒入 2000mL 量筒中，读出泡沫体积并按下秒表计时，当量筒下端析出 150mL 液体时，停止计时，该时间为泡沫钻井液的半衰期（泡沫钻井液静止时所析出的液量达到基液体积的二分之一所需要的时间）。

（4）重新按步骤（1）和（2）配制一份钻井液，配制完成后测定钻井液流变参数、滤失参数、pH 值等参数并填写实验数据记录表。

注意：使用 2000mL 量筒测定发泡体积和半衰期。

2. 可循环硬胶泡沫钻井液配制步骤

可循环硬胶泡沫钻井液配方见表 2-13。

表 2-13　可循环硬胶泡沫钻井液配方

材料和处理剂	功用	用量（质量分数），%	备注
膨润土基浆	泡沫钻井液基础浆液	—	
十二烷基硫酸钠	发泡剂	0.2~0.5	
十二烷基磺酸钠	发泡剂	0.2~0.5	阴离子型（供选择）
十二烷基苯磺酸钠	发泡剂	0.2~0.5	
OP-10	发泡剂	0.2~0.5	非离子型（可与阴离子型复配）
月桂醇	稳泡剂	0.1~0.3	表面活性剂协同作用，表面吸附膜强度增加
三乙醇胺	稳泡剂	0.1~0.3	
CMC	稳泡剂、增稠剂	0.1~0.5	提高液相黏度，降低泡沫排液速度
XC	稳泡剂、增稠剂	0.1~0.5	
PAC-HV	稳泡剂、增稠剂	0.1~0.5	
SPNH	降滤失剂	1~2	
SMP-2	降滤失剂	1~2	

可循环硬胶泡沫钻井液参考配方：300mL 膨润土基浆+1%SPNH+0.4% XC+0.4%十二烷基磺酸钠+0.4%三乙醇胺。

可循环硬胶泡沫钻井液的配制步骤为：

（1）用 500mL 量筒取配制好的膨润土基浆 300mL 倒入搅拌杯，在 3000r/min 条件下低速搅拌 2min。

（2）将搅拌速度提高到 8000~11000r/min，按钻井液配方顺序依次将称量好的 SPNH 和 XC 加入膨润土基浆中。注意处理剂不能黏在杯壁上，也不能黏在搅拌杆上；每种处理剂加入钻井液后应有一定的间隔时间，以使处理剂充分分散；加药结束后钻井液高速搅拌 20min。

（3）将搅拌器转速调至 10000r/min，缓慢加入称量好的十二烷基磺酸钠和三乙醇胺，搅拌 10min。

(4) 搅拌结束后迅速把钻井液倒入 2000mL 量筒中，读出泡沫体积并按下秒表计时，当量筒下端析出 150mL 液体时，停止计时，该时间为泡沫钻井液的半衰期。

(5) 重新按步骤（1）、（2）和（3）配制一份钻井液，配制完成后测定钻井液流变参数、滤失参数、pH 值等参数并填写实验数据记录表。

四、性能测定与记录

按钻井液常规性能测定方法测定配制好的一次性泡沫钻井液和可循环硬胶泡沫钻井液性能，并将测定数据填写到表 2-14 中。

表 2-14　泡沫钻井液性能测定实验数据记录表

性能参数	测量结果	
	一次性泡沫钻井液	可循环硬胶泡沫钻井液
发泡体积 V, mL		
半衰期, h		
ρ, g/cm^3		
AV, mPa·s		
PV, mPa·s		
YP, Pa		
FL, mL		
pH 值		
h, mm		
滤饼黏附系数		

五、安全提示及注意事项

(1) 本实验用到腐蚀性药品，药品称量、加药过程中要规范操作，严禁违章操作，防止药品与皮肤接触。

(2) 本实验用到高速搅拌器，严禁将硬物带入搅拌器；操作人员服装、头发必须整理整齐，无安全隐患；严禁搅拌器空转；操作中防止机械伤害。

(3) 注意用电安全，严禁湿手、湿抹布等接触电线。

(4) 废弃测定液倒入指定回收容器，严禁倒入下水道。

思考题

(1) 膨润土基浆的配制原理是什么？配浆水为何要进行软化处理？

(2) 细分散钻井液的特点有哪些？

(3) 粗分散钻井液有哪些类型？该钻井液有何特点？

(4) 钙处理钻井液有哪些类型？盐水钻井液有哪些类型？

(5) 聚合物钻井液有哪些优点？如何理解"不分散低固相"？

(6) 泡沫钻井液配制过程中，如果转速不同泡沫质量是否相同？为什么？

项目二　水基钻井液污染及处理

在钻井过程中，地层里的可溶性盐（如石膏、岩盐、芒硝等）、各种流体（油、气、水）及钻屑颗粒进入钻井液造成钻井液性能变差，不符合施工要求的现象称为钻井液污染。水基钻井液的污染大致可分为化学污染和物理污染两大类。石膏、水泥、氯化钠和碳酸根、碳酸氢根的污染属于化学污染，原油、黏土的污染主要是物理污染。化学污染会改变钻井液中化学离子浓度的分布，从而改变钻井液中黏土颗粒的水化、分散、带电状态和钻井液的酸碱值，使钻井液的各种性能发生变化。地层水侵入钻井液，如是淡水，主要是使钻井液稀释；而矿化度水的侵入会对钻井液快速造成化学污染。对地层水的侵入，主要通过提高钻井液密度，提高井筒内液柱压力加以预防和控制。地层中黏土和钻屑的侵入，主要利用钻井液固相控制设备加以解决。当地层中矿物离子侵入钻井液时，应根据离子类型和地层特点进行处理，一方面防止地层矿物离子继续侵入钻井液，另一方面添加处理剂恢复钻井液的性能。

任务一　钙侵及处理

当钻遇石膏层、盐膏层或水泥塞时，钙离子（Ca^{2+}）会侵入钻井液，造成钙侵。

$$CaSO_4(s) = Ca^{2+} + SO_4^{2-} \quad （石膏侵）$$

$$Ca(OH)_2(s) = Ca^{2+} + 2OH^- \quad （水泥侵）$$

Ca^{2+}侵入钻井液，会与黏土吸附的Na^+发生离子交换吸附，使钠土转变成钙土，造成黏土ζ电位降低、黏土扩散层变薄，黏土发生絮凝。少量Ca^{2+}侵入会使钻井液内部空间网架结构变强，钻井液黏度、切力升高，钻井液滤失量增大；大量Ca^{2+}侵入会造成黏土聚结，钻井液发生固液分层，体系失去稳定性。因此钻井液发生钙侵时，必须及时处理。

一、试剂与仪器

试剂：膨润土基浆（项目一配制）；磺甲基单宁（SMT）或磺化栲胶（SMK）；羧甲基纤维素钠盐（CMC）；磺甲基褐煤树脂（SPNH）；磺化酚醛树脂（SMP-2）；无荧光固体润滑剂或其他润滑剂产品；氢氧化钠（化学纯）；生石灰（化学纯）；纯碱（化学纯）。

仪器：天平，精度0.01g；量筒，500mL、20mL和10mL各1支；广泛pH试纸，色阶0.5；搅拌器，负载转速11000r/min±300r/min；六速旋转黏度计；API中压滤失仪；滤纸，直径90mm，API中压滤失仪专用；秒表，精确至0.1s；滤饼黏附系数测定仪。

二、处理原理

对于配浆水中的Ca^{2+}通常使用Na_2CO_3进行处理，当配浆水中Ca^{2+}浓度为$1.0mg/cm^3$时，可按$0.00266kg/m^3$加入Na_2CO_3进行处理。

石膏地层对钻井液的污染在 Ca^{2+} 浓度较低的情况下，可加入 Na_2CO_3 和降黏剂进行处理，Na_2CO_3 清除钻井液中 Ca^{2+}，降黏剂恢复体系的流变性能，常用的降黏剂有 NH_4HPAN、XY-27 或 KH_m 等。

$$CaSO_4 + Na_2CO_3 =\!=\!= CaCO_3\downarrow + Na_2SO_4$$

如果钻遇大段石膏层，会对钻井液造成高浓度 Ca^{2+} 污染，此时不能再使用 Na_2CO_3 进行处理，以免造成 CO_3^{2-} 污染。此时，应取钻井液进行小型实验，加入降黏剂和降滤失剂，将钻井液转化成钙处理钻井液。

对于钻遇水泥塞造成的水泥侵，水泥侵入钻井液造成钻井液 pH 值升高，现场不能使用 Na_2CO_3 处理水泥侵，以免 pH 值剧烈升高造成钻井液高温固化。现场一般用小苏打（$NaHCO_3$）处理水泥侵，一方面沉淀 Ca^{2+}，另一方面 HCO_3^- 中和部分 OH^-，适当降低钻井液 pH 值。

$$Ca(OH)_2 + Na_2CO_3 =\!=\!= CaCO_3\downarrow + NaOH + H_2O$$

现场也可使用有机酸，如褐煤、单宁酸、腐殖酸结合一些降滤失剂处理水泥侵，将水泥侵钻井液转化为石灰钻井液。这样一方面使钻井液 pH 值得到有效控制；另一方面石灰钻井液可有效抑制黏土和地层水化，可在含钙地层正常钻进。

三、处理步骤

（1）取项目一中密封保存的细分散钻井液或不分散低固相聚合物钻井液 400mL，倒入搅拌杯，在 3000r/min 条件下搅拌 2min。

注意：若项目一实训结束后没有保留钻井液，可按照相应钻井液配制方法，重新配制钻井液，并测定全套钻井液性能。

（2）按钻井液体积的 0.5% 加入石灰粉，在 10000r/min 条件下搅拌 20min，测定钙侵钻井液全套性能。

注意：为保证后续实验顺利进行，在钻井液性能测定结束后所有钻井液应全部回收，并用药匙将液杯中的钻井液刮干净，以备后用。

（3）用 500mL 量筒准确计量性能测定后回收的钙侵钻井液体积，向钙侵钻井液中依次加入 0.5%$NaHCO_3$、1%SMT 和 2%SMP-2，在 10000r/min 条件下搅拌 20min，测定钙侵处理后钻井液全套性能。

四、性能测定与记录

按上述实验步骤，依次将钙侵前、钙侵后和钙侵处理后的钻井液性能测定数据填写到表 2-15 中。

表 2-15　钻井液钙侵及处理性能测定实验数据记录表

性能参数	测量结果		
	钻井液钙侵前	钻井液钙侵后	钻井液钙侵处理后
AV, mPa·s			
PV, mPa·s			

续表

性能参数	测量结果		
	钻井液钙侵前	钻井液钙侵后	钻井液钙侵处理后
YP,Pa			
YP/PV,Pa/(mPa·s)			
FL,mL			
pH 值			
h,mm			
滤饼黏附系数			

五、安全提示及注意事项

（1）本实验用到腐蚀性药品，药品称量、加药过程中要规范操作，严禁违章操作，防止药品与皮肤接触；如果碱性药品不慎与皮肤接触，应立即用大量清水冲洗，然后用3%硼酸溶液清洗。

（2）本实验用到高速搅拌器，严禁将硬物带入搅拌器；操作人员服装、头发必须整理整齐，无安全隐患；严禁搅拌器空转；操作中防止机械伤害。

（3）注意用电安全，严禁湿手、湿抹布等接触电线。

（4）废弃测定液倒入指定回收容器，严禁倒入下水道。

任务二　盐侵及处理

钻井液盐侵可能来自地下盐水层、盐岩层和盐丘，也可能来自配浆水。造成盐侵的主要成分是 NaCl，同时也包括数量不等的 KCl、$MgCl_2$ 和 $CaCl_2$。

钻井液中含有低浓度的盐会造成流变参数和滤失量升高，然而盐浓度很高并伴有 Ca^{2+} 和 Mg^{2+} 时，会抑制膨润土水化并导致钻井液絮凝，造成钻井液流变参数下降、滤失量升高、pH 值明显降低，这是因为盐侵时会有大量的 Mg^{2+} 侵入，生成 $Mg(OH)_2$ 沉淀，使 OH^- 减少。

一、试剂与仪器

试剂：膨润土基浆（项目一实验配制）；磺甲基单宁（SMT）或磺化栲胶（SMK）；黄原胶（XC）；聚阴离子纤维素（PAC）；磺甲基褐煤树脂（SPNH）；磺化酚醛树脂（SMP-2）；RH-3；NaCl（化学纯）。

仪器：天平，精度 0.01g；量筒，500mL、20mL 和 10mL 各 1 支；广泛 pH 试纸，色阶 0.5；搅拌器，负载转速 11000r/min±300r/min；六速旋转黏度计；API 中压滤失仪；滤纸，直径 90mm，API 中压滤失仪专用；秒表，精确至 0.1s；滤饼黏附系数测定仪。

二、处理原理

当盐侵浓度不高时，可向盐侵钻井液中加入一定量的淡水稀释，同时加入一些聚合物和有机分散剂来缓解钻井液黏度下降。

当有大量的盐侵时，有效的处理办法是加入大量的分散剂（如 SMT 或无铬木质素磺酸盐）、降滤失剂（如 SMP、SPNH、PAC）、淀粉类衍生物及凝胶剂（如 MMH 或 XC）等，将盐侵钻井液转化为盐水钻井液体系。

三、处理步骤

（1）取项目一中密封保存的细分散钻井液 400mL，倒入搅拌杯，在 3000r/min 条件下搅拌 2min，测定其全套性能。

注意：若项目一实训结束后没有保留钻井液，可按照相应钻井液配制方法，重新配制钻井液，并测量全套钻井液性能，填写性能记录表。

（2）按钻井液体积的 5% 加入 NaCl，在 10000r/min 条件下搅拌 20min，测量盐侵钻井液全套性能。

注意：为保证后续实验顺利进行，在钻井液参数测量结束后所有钻井液应全部回收，并用药匙将液杯中的钻井液刮干净，以备后用。

（3）用 500ml 量筒准确计量性能测定后回收的盐侵钻井液体积，向盐侵钻井液中依次加入 1.5%SMT、2%SMP-2 和 0.5%XC，在 10000r/min 条件下搅拌 20min，测量盐侵处理后钻井液全套性能。

四、性能测定与记录

按上述实验步骤，依次将盐侵前、盐侵后和盐侵处理后的钻井液性能测定数据填写到表 2-16 中。

表 2-16 钻井液盐侵及处理性能测定实验数据记录表

性能参数	测量结果		
	钻井液盐侵前	钻井液盐侵后	钻井液盐侵处理后
AV,mPa·s			
PV,mPa·s			
YP,Pa			
YP/PV,Pa/(mPa·s)			
FL,mL			
pH 值			
h,mm			
滤饼黏附系数			

五、安全提示及注意事项

（1）本实验用到腐蚀性药品，药品称量、加药过程中要规范操作，严禁违章操作，防止药品与皮肤接触；如果碱性药品不慎与皮肤接触，应立即用大量清水冲洗，然后用 3% 硼酸溶液清洗。

（2）本实验用到高速搅拌器，严禁将硬物带入搅拌器；操作人员服装、头发必须整理整齐，无安全隐患；严禁搅拌器空转；操作中防止机械伤害。

（3）注意用电安全，严禁湿手、湿抹布等接触电线。

（4）废弃测定液倒入指定回收容器，严禁倒入下水道。

思考题

（1）什么是钻井液污染？

（2）水基钻井液钙侵后钻井液性能有哪些变化？

（3）水基钻井液盐侵后钻井液性能有哪些变化？

（4）钻井液发生石膏侵和水泥侵，处理措施是否一样？为什么？

（5）钻井液盐侵后如何确定具体处理措施？

项目三 水基钻井液化学分析

在钻井过程中,因钻井液处理剂产品质量差异和钻遇地层的复杂性,常常会使钻井液中化学成分发生变化,如果不能及时发现并进行维护处理,会导致钻井液性能变差,影响钻井速度和钻井安全。因此准确测定和掌握钻井液中化学成分及钻井液处理剂浓度是判断钻井液污染类型并进行处理的关键,也是实现钻井液设计意图和获得良好经济效益的手段。钻井液污染物包括金属盐离子(Ca^{2+}、Na^+、Mg^{2+}等)、地层流体(油、气、水等)和有害固相(砂粒、劣质土、过量膨润土等)等。通过对钻井液进行化学分析,可以确定钻井液污染类型,为钻井液维护处理药剂的选择和加量提供依据;同时,钻井液化学分析还可以用于确定钻井液处理剂的浓度及其被消耗的量,并据此确定需要补充的量。例如在钙处理钻井液中,需定期测定钻井液碱度,根据碱度测定结果,可以分析钻井液中 OH^-、CO_3^{2-}、HCO_3^- 等离子含量和石灰的储备量。在泥页岩井段钻井过程中,还需定期测定钻井液膨润土含量和金属离子含量,判断钻井液是否发生黏土侵或钙侵。因此,对于现场钻井液工作者来说,必须熟练掌握钻井液化学分析的操作技能。

任务一 钻井液滤液中 Cl^- 浓度测定

钻井过程中,钻遇岩盐层或盐水层时,NaCl 等无机盐会进入钻井液,对钻井液造成污染,使其性能变坏,因此需检测钻井液滤液中 Cl^- 的浓度。检测方法是取 1mL 或几毫升钻井液滤液,用标准 $AgNO_3$ 溶液滴定,指示剂为 K_2CrO_4,当试样中出现橘红色 Ag_2CrO_4 沉淀时表示到达滴定终点。

一、试剂与仪器

试剂:硝酸银标准溶液,0.4791g/100mL(相当于 0.001g/mL Cl^-),在棕色瓶中保存;铬酸钾指示剂溶液,5g/100mL 水溶液;酚酞指示剂溶液,1g/100mL 50%浓度酒精(将 1g 酚酞溶于 100mL 浓度为 50%的酒精水溶液中配制而成);0.02mol/L 硝酸或硫酸;碳酸钙粉末(化学纯);蒸馏水。

仪器:带刻度移液管,1mL、10mL 各 1 支;锥形瓶,100~150mL,无色透明;搅拌用玻璃棒。

二、测定原理

在中性介质中,$AgNO_3$ 与氯化物(钻井液中多为 NaCl)生成白色沉淀,当溶液中 Cl^- 全部与硝酸银反应后,过量的 $AgNO_3$ 与 K_2CrO_4 指示剂反应生成橘红色 Ag_2CrO_4 沉淀,到达滴定终点。反应如下:

$$NaCl + AgNO_3 = AgCl \downarrow + NaNO_3 \qquad (白色沉淀)$$
$$2AgNO_3 + K_2CrO_4 = Ag_2CrO_4 \downarrow + 2KNO_3 \qquad (橘红色沉淀)$$

三、测定步骤

（1）取 1mL 或几毫升钻井液滤液（API 中压滤失后的滤液）倒入锥形瓶中，加入 2~3 滴酚酞溶液。如果指示剂变粉色，则边搅拌边使用移液管逐滴加入酸，直至粉色消失。如果滤液颜色较深，则先加入 2mL 0.02mol/L 硫酸或硝酸标准溶液并搅拌，然后再加入 1g 碳酸钙并搅拌。

（2）加入 20~25mL 蒸馏水和 5~10 滴 K_2CrO_4 溶液，边搅拌边滴入 $AgNO_3$ 标准溶液，直至颜色由黄色变为橘红色并保持 30s 为止。

（3）记录达到终点时消耗 $AgNO_3$ 溶液的体积（mL），如果 $AgNO_3$ 溶液用量超过 10mL，则取更小体积的钻井液滤液样品重新滴定。

钻井液滤液中 Cl^- 浓度测定步骤见视频 2-5。

视频 2-5 钻井液滤液中 Cl^- 浓度测定步骤

四、数据计算与记录

以 mg/L 为单位记录滤液中的 Cl^- 浓度时，按下式计算：

$$c(Cl^-) = 1000 \times \frac{V_{sm}}{V_f} \tag{2-1}$$

$$c(NaCl) = 1.65 \times c(Cl^-) \tag{2-2}$$

式中 $c(Cl^-)$——钻井液滤液中 Cl^- 浓度，mg/L；

V_{sm}——滴定中消耗的硝酸银溶液体积，mL；

V_f——钻井液滤液体积，mL；

$c(NaCl)$——钻井液滤液中 NaCl 质量浓度，mg/L。

注意：如果滤液中 Cl^- 浓度超过 10000mg/L，可使用相当于 0.01mg/L Cl^- 的 $AgNO_3$ 标准溶液。此时，式（2-1）中的系数 1000 应改为 10000。

滴定数据和计算结果填入表 2-17 中。

表 2-17 Cl^- 浓度测定实验数据记录表

实验次数	钻井液滤液体积,mL	消耗硝酸银溶液体积,mL	Cl^- 浓度,mg/L
1			
2			
3			
平均值			

五、安全提示及注意事项

（1）本实验用到腐蚀性药品，药品称量、标准液配制、溶液滴定过程中要规范操作，严禁违章操作，防止药品与皮肤接触；如果稀硫酸或硝酸不慎与皮肤接触，应立即用大量流动清水冲洗（如有明显滴痕，先用干抹布擦干，再用水清洗），再用 3%~5% 碳酸氢钠溶液洗涤。

(2) 玻璃器皿要轻拿轻放。

(3) 废弃测定液倒入指定回收容器，严禁倒入下水道。

任务二 钻井液滤液中 Ca^{2+} 浓度（钙计总硬度）测定

配浆水硬度大，钻水泥塞或石膏、盐膏地层都会引起钻井液中 Ca^{2+}、Mg^{2+} 浓度增大，使钻井液受到污染，此时需要对其浓度进行测定。

测定方法是取 1mL 或几毫升钻井液滤液，用 0.01mol/L 的 EDTA（乙二胺四乙酸二钠盐）标准溶液滴定，铬黑 T 作钙指示剂，当指示剂颜色由酒红色变为蓝色表示到达终点。

一、试剂与仪器

试剂：EDTA 标准溶液，0.01mol/L；硬度缓冲溶液，将 6.75g 氯化铵加入 57mL 氨水中，再加入蒸馏水稀释至总体积 100mL；硬度指示剂，0.01g/100mL "Calmagite" [1-(1-羟基-4 甲基-2-苯偶氮)-2-萘酚-4-磺酸] 的水溶液或相当的药品；掩蔽剂，三乙醇胺、四乙烯基戊胺、去离子水体积比为 1∶1∶2 的混合液；5.25%次氯酸钠的去离子水溶液；冰乙酸；去离子水或蒸馏水。

仪器：移液管，1mL、2mL、5mL 各 1 支；滴定瓶，150mL 烧杯；锥形瓶，250mL；电炉或加热板（滤液有颜色时需要）；刻度移液管，1mL、10mL 各 1 支；量筒，50mL，1 支；pH 试纸。

二、测定原理

金属指示剂是一些有机配位剂，可与金属离子形成有色配合物，其颜色与游离指示剂的颜色不同，因而能指示滴定过程中金属离子浓度的变化情况。现以铬黑 T 为例说明其作用原理。铬黑 T 在 pH＝8~11 时呈蓝色，它与 Ca^{2+}、Mg^{2+}、Zn^{2+} 等金属离子形成的配合物呈酒红色。如果用 EDTA 滴定这些金属离子，加入铬黑 T，滴定前铬黑 T 与少量金属离子配位成酒红色配合物 M-铬黑 T，绝大部分金属离子处于游离状态。随着 EDTA 的滴入，游离金属离子逐步被配位而形成配合物 M-EDTA。等到游离金属离子全部配位后，继续滴加 EDTA 时，由于 EDTA 与金属离子形成配合物的稳定性大于铬黑 T 与金属离子形成配合物的稳定性，因此 EDTA 夺取 M-铬黑 T 中的金属离子，将指示剂游离出来。游离液由酒红色突变为游离铬黑 T 的蓝色，指示到达滴定终点。

M+铬黑 T ——→ M-铬黑 T(配合物)　　　（酒红色）

M-铬黑 T+EDTA ——→ M-EDTA(配合物)+铬黑 T　（蓝色）

三、测定步骤

(1) 用移液管移取 1mL 或几毫升钻井液滤液样品于 150mL 烧杯中 [如滤液无色，则步骤（2）至步骤（6）可省略]。

(2) 用刻度移液管加入 10mL 次氯酸钠溶液并混合均匀。

(3) 用刻度移液管，加入 1mL 冰乙酸并混合均匀。

(4) 用电炉将样品煮沸 5min，在煮沸期间按需加入去离子水以保持样品体积不变，煮沸的目的是为了除去过量的氯气。将 pH 试纸浸入样品中可证实氯气是否被除净，如果试纸被漂白，则需要继续煮沸，直至 pH 试纸恢复其原色，充分煮沸过的样品 pH 值为 5.0。

注意：煮沸应在通风好的地方进行。

(5) 冷却样品。

(6) 用去离子水冲洗杯壁，并将样品稀释至 50mL，加入 2mL 缓冲溶液并搅拌。

注意：如果溶液中有溶解的铁离子存在，它会干扰滴定终点。如怀疑有铁离子存在，每次滴加时可加入 1mL 掩蔽剂。

(7) 加入 2~6 滴硬度指示剂并搅拌，如有 Ca^{2+} 或 Mg^{2+} 存在，则出现酒红色。

(8) 边搅拌边用 EDTA 滴定至终点。硬度指示剂把样品颜色由酒红色变为蓝色。继续滴加 EDTA 溶液直至不再有酒红色变蓝色的现象出现，说明已达到滴定终点。记下所消耗的 EDTA 总体积。

钻井液滤液中 Ca^{2+} 浓度（钙计总硬度）测定步骤见视频 2-6。

视频 2-6 钻井液滤液中 Ca^{2+} 浓度（钙计总硬度）测定步骤

四、数据计算与记录

按式(2-3)计算 Ca^{2+} 浓度：

$$c(Ca^{2+}) = 400 \times \frac{V_{EDTA}}{V_0} \quad (2-3)$$

式中　$c(Ca^{2+})$——钻井液滤液中 Ca^{2+} 浓度，mg/L；

V_{EDTA}——滴定中消耗的 EDTA 标准溶液的体积，mL；

V_0——钻井液滤液体积，mL。

注意：为得到钻井液硬度的准确数值，应测定去离子水和次氯酸钠溶液中的硬度，并将其从钻井液总硬度中减去。如步骤(6)，取 50mL 去离子水，按步骤(2)取 10mL 次氯酸钠溶液，然后按步骤(6)至步骤(8)测定去离子水和次氯酸钠溶液中的硬度。

滴定数据和计算结果填入表 2-18 中。

表 2-18　Ca^{2+} 浓度测定实验数据记录表

实验次数	钻井液滤液体积，mL	消耗 EDTA 溶液体积，mL	Ca^{2+} 浓度，mg/L
1			
2			
3			
平均值			

五、安全提示及注意事项

(1) 本实验用到腐蚀性药品，药品称量、标准液配制、溶液滴定过程中要规范操作，严禁违章操作，防止药品与皮肤接触。如果冰乙酸、次氯酸钠不慎与皮肤接触，应立即用大量流动清水冲洗，并及时就医；如果与眼睛接触，提起眼睑，用流动清水或生理盐水清洗，并及时就医。

（2）玻璃器皿要轻拿轻放。

（3）废弃测定液倒入指定回收容器，严禁倒入下水道。

任务三　钻井液碱度测定

碱度是指溶液或悬浮体对酸的中和能力。使钻井液维持碱性的无机离子除了 OH^- 外，还可能有 HCO_3^- 和 CO_3^{2-} 等离子，pH 值并不能完全反映钻井液中这些离子的种类和浓度。此外，因为 pH 值是一个对数值，如果钻井液是高碱度体系，其碱度可能在很大范围内变化，但 pH 值没有明显变化。因此，对于高碱度的钻井液，测定碱度比测定 pH 值更有意义。由碱度可以较方便地确定钻井液滤液中 OH^-、HCO_3^- 和 CO_3^{2-} 三种离子的含量，从而可以判断钻井液碱性的来源；还可以确定钻井液体系中悬浮石灰含量（即储备碱度）。

一、试剂与仪器

试剂：0.01mol/L 硫酸标准溶液；酚酞指示剂溶液，1g/100mL 50%乙醇水溶液（1g 酚酞溶于 100mL 浓度为 50%的酒精水溶液中配制而成）；甲基橙指示剂溶液，0.1g/100mL 水（将 0.1g 甲基橙溶于 100mL 水中配制而成）。

仪器：100~150mL 锥形瓶；刻度移液管，1mL 和 10mL 各 1 支；注射器或移液管，1mL；pH 计；玻璃棒。

二、测定原理

API 规定用酚酞和甲基橙两种指示剂来评价钻井液及其滤液的碱性强弱。

酚酞指示剂在 pH 值降到 8.3 时由红变为无色。能够使钻井液或滤液 pH 值降到 8.3 所需的酸量叫作酚酞碱度。钻井液的酚酞碱度用 P_m 表示，滤液的酚酞碱度用 P_f 表示。

甲基橙指示剂在 pH 值降到 4.3 时由黄色变为橙红色。能使钻井液或滤液 pH 值降到 4.3 所需的酸量叫作甲基橙碱度。钻井液的甲基橙碱度用 M_m 表示，滤液的甲基橙碱度用 M_f 表示。API 规定 P_m、P_f、M_f 均以滴定 1mL 样品所需 0.01mol/L 硫酸的毫升数来表示。由测出的 P_m、P_f、M_f 即可计算出钻井液滤液中 OH^-、HCO_3^- 和 CO_3^{2-} 的浓度。

当 pH＝8.3 时，以下反应已基本进行完全：

$$OH^- + H^+ \longrightarrow H_2O$$

$$CO_3^{2-} + H^+ \longrightarrow HCO_3^-$$

溶液中的 HCO_3^- 不参加反应，继续用 H_2SO_4 溶液滴定至 pH＝4.3 时，HCO_3^- 与 H^+ 的反应完全：

$$HCO_3^- + H^+ \longrightarrow CO_2\uparrow + H_2O$$

根据测得的 M_f 和 P_f，可确定钻井液中悬浮固相的储备碱度（石灰含量），即钻井液中未溶解的石灰构成的碱度。当 pH 值降低时，石灰会不断溶解，这样一方面可为钙处理钻井液不断地提供 Ca^{2+}，另一方面有利于钻井液的 pH 值保持稳定。

钻井液碱度测定原理见视频2-7。

三、测定步骤

1. 钻井液滤液中酚酞碱度 P_f 和甲基橙碱度 M_f 的测定步骤

视频2-7 钻井液碱度测定原理

（1）量取1mL或几毫升钻井液滤液倒入锥形瓶中，加2~3滴酚酞指示剂。如滤液变为粉色，使用移液管向锥形瓶中逐滴加入硫酸溶液并同时搅拌，直至粉色消失。如滤液颜色很深，掩盖了指示剂的颜色变化，则将pH计测得pH=8.3时作为终点。

（2）记下每毫升滤液所需的0.01mol/L硫酸的体积数，作为滤液酚酞碱度 P_f。

（3）在已滴至 P_f 终点的滤液样品中，加入2~3滴甲基橙指示剂，边搅拌边加入硫酸溶液，直至指示剂由黄色变为橙红色。如滤液颜色太重，指示剂颜色变化不能明显看出，则将pH计测得的pH=4.3时作为滴定终点。

（4）将每毫升滤液滴至甲基橙碱度终点（包括滴至 P_f 终点已用的）所用的0.01mol/L硫酸总毫升数作为滤液甲基橙碱度 M_f。

2. 钻井液酚酞碱度 P_m 的测定步骤

视频2-8 钻井液碱度测定步骤

（1）取1mL钻井液倒入锥形瓶中，加入25mL蒸馏水将其稀释。边搅拌边加入4~5滴酚酞指示剂，然后立即用0.01mol/L的硫酸滴定，直至粉色消失。如颜色变化不易看出，则将pH计测得pH=8.3时作为终点。

（2）将每毫升钻井液样品滴至终点的0.01mol/L酸的毫升数作为钻井液酚酞碱度 P_m。

钻井液碱度测定步骤见视频2-8。

四、数据计算与记录

1. 滤液中 OH^-、HCO_3^- 和 CO_3^{2-} 浓度计算

滤液中 OH^-、HCO_3^- 和 CO_3^{2-} 浓度按表2-19计算。

表2-19 利用 P_f 和 M_f 计算滤液中 OH^-、HCO_3^- 和 CO_3^{2-} 浓度

条件	$c(OH^-)$, mg/L	$c(CO_3^{2-})$, mg/L	$c(HCO_3^-)$, mg/L
$P_f = 0$	0	0	$1220 M_f$
$2P_f < M_f$	0	$1200 P_f$	$1220 (M_f - 2P_f)$
$2P_f = M_f$	0	$1200 P_f$	0
$2P_f > M_f$	$340(2P_f - M_f)$	$1200(M_f - P_f)$	0
$P_f = M_f$	$340 M_f$	0	0

注：若测得的结果为 $M_f = P_f$，表示滤液的碱性完全由 OH^- 所引起；若测得的结果为 $P_f = 0$，表示碱性完全由 HCO_3^- 引起；若测得的结果为 $M_f = 2P_f$，表示滤液中只含有 CO_3^{2-}。

2. 石灰含量的确定

（1）测定滤液、钻井液的酚酞碱度 P_f 和 P_m。

(2) 用固相含量测定仪测定钻井液中水相体积分数 F_w。

(3) 钻井液中石灰含量按式(2-4) 计算:

$$c_L = 0.742(P_m - F_w \times P_f) \qquad (2-4)$$

式中 c_L——钻井液中石灰含量,kg/m³;

P_m——钻井液的酚酞碱度;

F_w——钻井液中水相体积分数,%;

P_f——滤液的酚酞碱度。

钻井液碱度测定数据和计算结果填入表 2-20 中。

表 2-20 钻井液碱度测定实验数据记录表

次数	滤液		钻井液	滤液中离子浓度			钻井液水相体积分数 F_w,%	石灰含量 c_L,kg/m³
	P_f	M_f	P_m	$c(OH^-)$,mg/L	$c(CO_3^{2-})$,mg/L	$c(HCO_3^-)$,mg/L		
1								
2								
3								
平均值								

五、安全提示及注意事项

(1) 本实验用到腐蚀性药品,药品称量、标准液配制、溶液滴定过程中要规范操作,严禁违章操作,防止药品与皮肤接触;如果硫酸不慎与皮肤接触,应立即用大量流动清水冲洗(如有明显滴痕,先用干抹布擦干,再用水清洗),再用3%~5%碳酸氢钠溶液洗涤,并及时就医。

(2) 玻璃器皿要轻拿轻放。

(3) 废弃测定液倒入指定回收容器,严禁倒入下水道。

任务四 钻井液膨润土含量测定

膨润土质量的好坏不但影响所配钻井液的性能,而且对所配钻井液接受化学处理剂的能力有很大影响。所以,使用不合格的膨润土不但用量大,还会使钻井液中的无用固相过多,影响钻井液性能的调整与维护。因此钻井液用膨润土在入井前必须经过严格检查,不符合质量标准的要严禁入井。当钻遇含有黏土的泥页岩地层时,地层黏土侵入钻井液,使钻井液膨润土含量升高,超过设计含量会造成钻井液黏度、切力升高,因此钻井过程中必须时时监测钻井液膨润土含量并对其进行严格控制。

一、试剂与仪器

试剂:亚甲基蓝溶液,将 0.32g 试剂级亚甲基蓝($C_{16}H_{18}N_3SCl \cdot 3H_2O$)溶解成100mL溶液;双氧水,3%溶液;稀硫酸,约 2.5mol/L,由 13.9mL 浓硫酸溶于去离子水中稀释至100mL溶液而得;蒸馏水或去离子水。

仪器:100mL 容量瓶 2 个;125mL 三角瓶;移液管,1mL 和 5mL 各 1 支;滴定管,

10mL；量筒，50mL；电炉；玻璃棒；滤纸。

二、测定原理

亚甲基蓝是一种阳离子材料，在水溶液中离解出有机阳离子和氯离子，其中有机阳离子很容易与膨润土发生离子交换。

将亚甲基蓝溶液滴入钻井液中，钻井液中带负电荷的黏土片层便与带正电荷的染色离子结合生成蓝色水不溶物，此时亚甲基蓝溶液褪色。当溶液中有过量的亚甲基蓝染色离子时，溶液中游离的亚甲基蓝染色离子呈蓝绿色，用玻璃棒将溶液点在滤纸上，会在钻井液固相周围呈现一圈蓝绿色，说明到达滴定终点（图2-3）。根据消耗亚甲基蓝溶液的体积，即可计算钻井液中的膨润土含量。

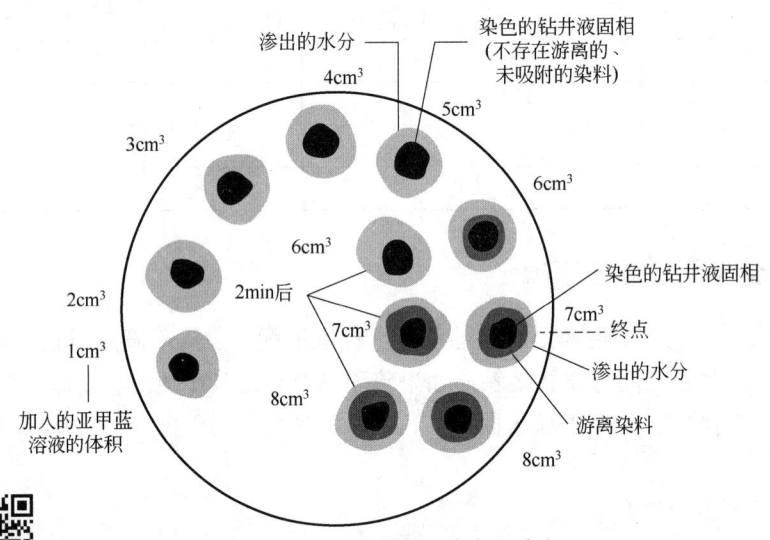

图2-3 亚甲基蓝实验终点的确定

钻井液膨润土含量测定原理见视频2-9。

视频2-9 钻井液膨润土含量测定原理

三、测定步骤

（1）在125mL三角瓶中放10mL蒸馏水，用量筒准确量取2mL钻井液放入三角瓶中，加15mL 3% H_2O_2 和0.5mL 2.5mol/L H_2SO_4，摇动三角瓶混合均匀。

（2）把三角瓶放在电炉上，缓慢煮沸10min，取下后稍冷却，向三角瓶中加水稀释至50mL。

注意：钻井液中一些有机处理剂，如CMC、聚丙烯酰胺、褐煤和木质素磺酸盐等也会吸附亚甲基蓝，为消除这些处理剂的干扰，在测定之前需加入 H_2O_2、H_2SO_4 并进行加热处理；若所测钻井液中无有机处理剂，则不需要加入 H_2SO_4 和 H_2O_2，也不需要加热。

（3）冷却后用滴定管滴加亚甲基蓝溶液进行滴定。为了减少误差，开始加0.5mL亚甲基蓝溶液，旋摇三角瓶30s，当杯中固体处于悬浮状态时，用玻璃棒沾一滴样品至滤纸上，观察在染色固体斑点外是否出现蓝绿色圈，若无蓝绿色圈则继续滴加。

（4）若发现蓝绿色圈，继续摇动三角瓶1min后，再取一滴样品滴在滤纸上观察，若显色消失,说明快到终点。缓慢滴加亚甲基蓝溶液,旋摇后取一滴样品滴在滤纸上观察,若再旋摇 2min 后滴在滤纸上的色圈仍不褪色,则达到终点,记录消耗的亚甲基蓝溶液的毫升数 $V_{亚}$。

四、数据计算与记录

钻井液膨润土的阳离子交换容量用亚甲基蓝容量表示,按下式计算:

$$MBT = \frac{V_{亚}}{V_0} \tag{2-5}$$

式中 MBT——亚甲基蓝容量;

$V_{亚}$——消耗亚甲基蓝溶液体积,mL;

V_0——钻井液体积,mL。

钻井液中膨润土含量可按下式计算:

$$BE = 14.25 \times MBT \tag{2-6}$$

式中 BE——钻井液中膨润土含量,kg/m^3。

测定数据和计算结果填入表 2-21 中。

表 2-21 钻井液膨润土含量测定实验数据记录表

实验次数	钻井液体积,mL	消耗亚甲基蓝溶液体积,mL	亚甲基蓝容量 MBT	膨润土含量 BE,kg/m^3
1				
2				
3				
平均值				

注:使用钻井液固相含量测定仪测定并算出钻井液中低密度固体含量,再根据上述钻井液中膨润土含量测定数据,可按下式算出钻井液中钻屑含量(单位为 kg/m^3):钻井液中泥页岩或钻屑含量=钻井液中低密度固体含量-钻井液中膨润土含量

五、安全提示及注意事项

(1) 本实验用到腐蚀性药品,药品称量、标准液配制、溶液滴定过程中要规范操作,严禁违章操作,防止药品与皮肤接触;如果硫酸不慎与皮肤接触,应立即用大量流动清水冲洗(如有明显滴痕,先用干抹布擦干,再用水清洗),再用 3%~5% 碳酸氢钠溶液洗涤,并及时就医;如果双氧水不慎与皮肤接触,应立即用大量清水冲洗,并及时就医。

(2) 玻璃器皿要轻拿轻放。

(3) 废弃测定液倒入指定回收容器,严禁倒入下水道。

思考题

(1) 在 Cl^- 浓度测定实验中,钻井液滤液颜色较深,为何要加硫酸或硝酸标准溶液和碳酸钙处理?

(2) 钻井液 Cl^- 浓度测定原理是什么?如何保证测量结果的准确性?

(3) 钻井液滤液 Ca^{2+} 浓度测定实验中,样品为何要进行加热处理?加热过程中应注

意哪些事项？

（4）为何要测定钻井液碱度？与 pH 值的测定有何区别？钻井现场测量钻井液石灰含量的意义是什么？

（5）钻井液膨润土含量测定实验中，为何在滴入亚甲基蓝溶液之前要使用 H_2O_2 和 H_2SO_4 并加热处理？钻井液膨润土含量测定的变色原理是什么？

项目四　水基钻井液配方设计与优化

在钻井工程施工作业中，所钻井眼类型（直井、斜井、水平井等）及所钻地层不同，同时结合井眼尺寸、地层物性、地层压力系数的变化，以及盐膏层的污染、地层垮塌等实际情况，钻井工艺措施及参数也会不同，对钻井液也提出了不同的要求。对于所钻的每一口具体的油气井，由于井的类型、层位、地质条件、套管层序、钻井工艺等的不同，对钻井液的要求也完全不同。在每一口井的设计中，一般根据钻井工艺条件、地层情况提出了一系列性能参数及要求。钻井技术人员应根据具体要求，通过室内试验设计出满足施工要求的钻井液体系及配方。通常测定的钻井液参数有密度、流变性、失水造壁性、润滑性、抗温抗盐能力、剪切稀释性、防塌性等。此外，对于不同井段、不同层位，上述钻井液参数也会有不同的变化范围，因此需用实验方法调整钻井液体系及配方来满足实际钻井要求。

一、钻井液配方设计与优化流程

钻井液配方设计与优化一般按图 2-4 所示流程进行。

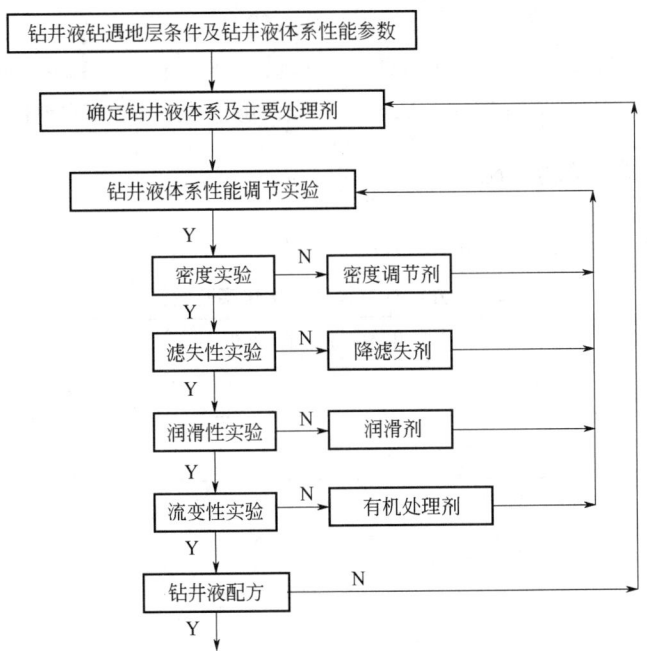

图 2-4　钻井液配方设计与优化流程图

二、试剂与仪器

试剂：膨润土；纯碱；烧碱；降黏剂（SMT、SMK、XY-27 等）；增黏剂（CMC、

KPAM、PAC、SC、FA367 等）；降滤失剂（SPNH、SMP-2、KFH、KH_m、NH_4-HPAN 等）；润滑剂（石墨类固体润滑剂、聚合醇液体类润滑剂等）；页岩抑制剂（氧化沥青、磺化沥青、KH_m、NW-1、KCl 等）；含钙处理剂（石灰、石膏、氯化钙等）；加重剂（重晶石、石灰石等）；氯化钠。

仪器：天平，精度 0.01g；量筒，500mL、20mL 和 10mL 各 1 支；广泛 pH 试纸，色阶 0.5；搅拌器，负载转速 11000r/min±300r/min；六速旋转黏度计；API 中压滤失仪；滤纸，直径 90mm，API 中压滤失仪专用；秒表，精确至 0.1s；密度计；滤饼黏附系数测定仪；高温高压滤失仪，配套工具、滤纸、气源等；钢板尺（毫米刻度直尺）；玻璃棒。

三、实验内容与要求

（1）常规密度钻井液体系设计。抗温 120℃；密度 1.08~1.10g/cm³；API 失水量（FL_{API}）≤5mL，滤饼厚度 h≤1mm；120℃ HTHP 失水量（FL_{HTHP}）≤20mL；AV=10~15mPa·s；PV=8~12mPa·s；YP=1~3Pa；动塑比 b=0.36~0.45；流性指数 n=0.4~0.6；滤饼黏附系数≤0.0524；膨润土含量 BE≤4%。

（2）抗高温钻井液体系设计。抗温 150℃；密度 1.10~1.12g/cm³；API 失水量≤5mL，滤饼厚度 h≤1mm；150℃ HTHP 失水量≤25mL；AV=15~25mPa·s；PV=8~12mPa·s；YP=1~3Pa；动塑比 b=0.36~0.45；流性指数 n=0.4~0.6；滤饼黏附系数≤0.1405；膨润土含量 BE≤4%；氯化钠含量≥6%。

（3）抗高温高密度钻井液体系设计。抗温 150℃；密度 1.50~1.55g/cm³；API 失水量≤5mL，滤饼厚度 h≤1mm；150℃ HTHP 失水量≤25mL；AV=12~20mPa·s；PV=11~18mPa·s；YP=1~4Pa；滤饼黏附系数≤0.1763；膨润土含量 BE≤4%。

四、实验记录与数据处理

钻井液配方设计与优化实数据按表 2-22 填写。

表 2-22 钻井液配方设计与优化实验数据记录表

钻井液配方设计与优化
设计钻井液类型
所选处理剂
设计思路
设计过程与评价结果
最终配方

续表

钻井液配方设计与优化											
钻井液最终性能											
ρ g/cm³	流变性测定					滤失性测定			pH 值	滤饼黏附系数	BE %
	AV mPa·s	PV mPa·s	YP Pa	YP/PV Pa(mPa·s)	n	FL_{API} mL	h mm	FL_{HTHP} mL			

五、安全提示及注意事项

（1）本实验用到腐蚀性药品，药品称量、标准液配制、溶液滴定过程中要规范操作，严禁违章操作，防止药品与皮肤接触；如果硫酸等腐蚀性酸性溶液不慎与皮肤接触，应立即用大量流动清水冲洗（如有明显滴痕，先用干抹布擦干，再用水清洗），再用3%～5%碳酸氢钠溶液洗涤，并及时就医。

（2）本实验用到高速搅拌器，严禁将硬物带入搅拌器；操作人员服装、头发必须整理整齐，无安全隐患；严禁搅拌器空转；操作中防止机械伤害。

（3）本实验涉及高温高压操作，应在教师指导下操作，操作者应对所使用的设备有足够的熟练操作能力，严禁违章操作。

（4）注意防止烫伤、机械伤害等事故。

（5）注意用电安全，严禁湿手、湿抹布等接触电线。

（6）废弃测定液倒入指定回收容器，严禁倒入下水道。

思考题

（1）分析实验中所使用的处理剂的作用及机理。

（2）当钻井液某一条件发生变化时，应做哪些相应的调整？

（3）为何钻井液体系中膨润土含量既不能太高也不能太低？

（4）当钻井液动切力不符合要求时，应如何调整？

（5）钻井液参数测定对现场钻井液维护有哪些意义？

情境三
油基钻井液配制与检测

　　油基钻井液是指以油作为连续相的钻井液。与水基钻井液相比，油基钻井液具有抗高温、抗盐钙侵、利于井壁稳定、润滑性好和对油气层伤害小等优点，但存在配制成本较高、对环境影响较大、废弃钻井液处理困难等缺点。目前使用的油基钻井液主要包括纯油基钻井液（或称全油基钻井液）和油包水（W/O）乳化钻井液两种类型。

　　纯油基钻井液的液相接近纯油，体系中水的含量应不超过3%，常用于地质资料井和特别复杂地层或强污染地层的钻井。

　　油包水乳化钻井液以油为连续相，水以小液滴的形式分散在油中作分散相（或不连续相），其中油水体积比在90∶10~60∶40范围内变化，水相的体积比例越大，油包水乳化钻井液的密度越高。油包水乳化钻井液主要用于工程和地质非常复杂的地区钻井或用于钻定向井和水平井等特殊工艺井。

　　纯油基钻井液的基本组成包括基油（油相）、乳化剂、润湿剂、亲油胶体、石灰和加重剂等。油包水乳化钻井液除以上必备成分外，还需一定体积的水相作为分散相，其水相一般是盐溶液，多数情况下是$CaCl_2$盐水，可控制水相活度。该类钻井液的页岩抑制性能特别强，接近全油基钻井液，还可以有效地保护油气层。

　　为了实训任务的顺利开展，并强化读者对该部分内容的理解和各处理剂的认知，现将油基钻井液基本组成进行说明。

　　油基钻井液的基本组成包括：基油（油相）、水相（W/O乳化剂必需成分）、乳化剂、亲油胶体、润湿剂、石灰和加重剂等。

一、基油

　　基油是油基钻井液的分散介质，常用的基油为柴油（我国用0#柴油）或白油（也称矿物油），如图3-1所示。其中白油是以石油加氢裂化生产的未转化油，或石油分馏的高沸馏分（即润滑油馏分）为原料经超深度精制脱除芳烃、硫和氮等杂质而得到的特种矿物油，一般由相对分子质量300~400的烷烃和环烷烃组成，具有无色、无味、无臭、化学惰性及优良的光、热稳定性。与柴油相比，白油生物毒性较低，安全系数较高，所配制的全油基钻井液相对柴油来说黏切稍高，但配制成本较高。

图 3-1 油基钻井液用柴油和白油

二、水相

水相是纯油基钻井液的非必要成分,但在实际使用过程中也会含有一定量的水(一般少于3%)。

水相是油包水乳化钻井液的第二大主要成分,它以小液滴的形式分散于油中成为内相,其稳定性(活度)对油基钻井液的性能有很大影响。用来配制油包水乳化钻井液的水可以是淡水、盐水和海水,也可以是天然的地下水。为了控制其活度,以满足防塌、抑制要求,选用盐水最合适。抑制效果最好的盐水是 $CaCl_2$ 盐水,而现场使用最便宜的水是地层水。

三、乳化剂

乳化剂是油基钻井液的必需成分,尤其对于油包水乳化钻井液来说,乳化剂是钻井液能否稳定的决定因素,对钻井液体系的稳定性至关重要。尽管全油基钻井液中水的含量较少,但仍需要一定量的乳化剂使水相均匀地分散在油相中。

要想获得稳定的乳状液体系,乳化剂类型的选择至关重要,在油基钻井液乳化剂的选择过程中,人们常用亲水亲油平衡值(HLB值)作为选剂指标,表 3-1 是不同用途的乳化剂及对应的 HLB 值范围。配制油包水型乳状液的乳化剂 HLB 值在 3~6 之间,配制水包油型乳状液的乳化剂 HLB 值在 8~18 之间。

表 3-1 不同 HLB 值乳化剂所适应的用途

HLB 值范围	用途
3~6	油包水型乳化剂(W/O 型)
7~9	润湿剂
8~18	水包油型乳化剂(O/W 型)
13~15	洗涤剂
15~18	增溶剂

因为油基钻井液的使用环境复杂(高温、高压、水侵、钻屑侵等),为保证钻井液乳

状液体系的稳定性,在配制过程中常使用双乳化剂(主乳化剂和辅乳化剂)来提高乳化膜强度和体系的稳定性。

主乳化剂主要有 Span-80、烷基苯磺酸钙、油酸等油溶性表面活性剂,用于形成乳状液;辅乳化剂(也称稳定剂)主要有环烷酸酰胺、醇类(聚乙二醇)、羧酸酯等,用于形成密堆复合膜,增强乳化效果,进而提高乳状液的稳定性。乳化剂的有效性常与基油的化学组成、水相的 pH 值和含有的电解质等因素有关。

油基钻井液常用乳化剂见表 3-2。

表 3-2 油基钻井液常用乳化剂

商品名称	化学名称	HLB 值	类型	作用	参考加量
Span-80	山梨醇酐单油酸酯	4.3	非离子型	主乳化剂	5%~7%
油酸	油酸	1~2	阴离子型	主乳化剂	2%~3%
ABS-Ca	十二烷基苯磺酸钙	<5	阴离子型	主乳化剂	1%~4%
环烷酸钙	环烷酸钙	—	阴离子型	主乳化剂	2%~3%
EM90	鲸蜡基聚乙二醇	5	非离子型	主乳化剂	3%~4%
石油磺酸铁	石油磺酸铁	2~4	阴离子型	主乳化剂	10%
XO-80	木糖醇酐油酸酯	4~6	非离子型	主乳化剂	0.7%~1%
PEG-400DO	聚乙二醇 400 双油酸酯	7~8	非离子型	辅乳化剂	3%~4%
YNC-1	环烷酸酰胺	<6	非离子型	辅乳化剂	3%~4%
HA-AM	腐殖酸酰胺		非离子型	辅乳化剂	3%~4%

乳化剂的 HLB 值应由实验方法准确测量,但在实际应用中,也可以采用简易估计法来判断乳化剂的 HLB 值范围。具体做法是将乳化剂加入水中后观察其在水中的溶解情况,大概估算该表面活性剂分子的 HLB 值范围,表 3-3 是此法的估算算法。

表 3-3 从在水中的溶解情况获得的乳化剂 HLB 值

加水后的性质	不分散	分散不好	剧搅后可形成乳状分散体	稳定乳状分散体	半透明至透明分散体	透明溶液(完全溶解)
乳化剂 HLB 值	1~4	3~6	6~8	8~10	10~13	15

四、亲油胶体

亲油胶体指可以分散到油基钻井液中,调整钻井液性能的固体处理剂,主要包括有机土、沥青类产品和有机褐煤等。有机土是经季铵盐阳离子表面活性剂改性的亲油膨润土,是油基钻井液的造浆土,它在油基钻井液中的分散类似于膨润土在淡水基钻井液中的分散,可大大提高体系黏度和切力,并具有辅助降滤失的作用。沥青类产品(主要是氧化沥青)、有机褐煤等是国内常用的降滤失剂。

五、润湿剂

润湿剂的作用是把油基钻井液中所有的固相维持在油润湿状态。大多数天然矿物都是亲水的,当重晶石粉和岩屑等亲水固体进入油包水乳化钻井液时,它们趋向于与水聚集，引起高黏度和沉降，进而破坏体系稳定性。润湿剂的存在可以使重晶石、钻屑等亲水固体的表面从亲水转变为亲油，便于在钻井液中悬浮。润湿剂容易吸附在氧化沥青、有机土、重晶石和钻屑等分散相的表面并形成油膜，从而起到稳定钻井液体系的作用。同时，剩余的润湿剂在油相中形成胶团结构，具有一定的提高黏度、切力和降低滤失量的作用。

较好的润湿剂有季铵盐（十二烷基三甲基溴化铵）、卵磷脂和石油磺酸盐等。一般要求油基钻井液润湿剂 HLB 值在 7~9 之间。

六、石灰

石灰是油基钻井液的必要成分，在钻井液体系中与有机酸生成钙皂（二价金属皂），增加体系的稳定性；同时，石灰可以吸收体系中的水变成细分散状态的氢氧化钙，提高体系的结构强度，增加体系的热稳定性（石灰也称为热稳定剂）；此外，石灰也可调解体系的 pH 值。综上所述，石灰在油基钻井液中有以下三个方面作用：

(1) 提供 Ca^{2+} 有利于二元金属皂的生成（楔形理论），确保乳化剂充分发挥效能；
(2) 维持钻井液的 pH 值在 8.5~10 之间，有利于防止钻具腐蚀；
(3) 有效防止 CO_2 和 H_2S 等酸性气体对钻井液的污染。

二元金属皂油包水乳化钻井液形成机理见视频 3-1。

七、加重剂

油基钻井液中常用的加重剂有石灰石粉、重晶石粉和铁矿粉，可根据体系所需的密度进行选择。由于加重剂颗粒表面一般是强亲水的，因此体系中必须含有一定量的润湿剂，使其表面转化为亲油，以利于加重剂颗粒的悬浮。一些乳化剂和稳定剂也具有润湿剂的作用，是否需另加润湿剂，应根据室内实验结果来确定。

视频 3-1 二元金属皂油包水乳化钻井液形成机理

综上所述，油基钻井液主要由基油（柴油或白油）、水相（一般为 $CaCl_2$ 或 NaCl 盐水）、乳化剂（硬脂酸钙、烷基苯磺酸钙等）、润湿剂（十二烷基三甲基溴化铵、石油磺酸铁等）、亲油胶体（有机土、氧化沥青等）、石灰和加重剂等组成。油基钻井液的性能主要包括密度、流变性、滤失性、乳化稳定性及体系离子含量等。在钻井液现场维护过程中，应根据钻井液性能参数变化适当补充乳化剂、润湿剂、有机土等处理剂。以钻井液现场岗位工作为导向，根据现场工作情景确定油基钻井液实训内容有以下几项：

(1) 油基钻井液配制。
(2) 油基钻井液性能测定。
(3) 油基钻井液化学分析。

通过本实训课程的学习和训练，学习者应达到以下实训目的：

(1) 能够熟练认知油基钻井液常用处理剂及其作用。
(2) 具备独立配制油基钻井液并进行性能测定的能力。
(3) 能够对油基钻井液离子含量进行准确分析。
(4) 培养仪器的规范操作能力及实验数据计算与分析处理的能力，增强团队协作、环境保护意识。

项目一　油基钻井液配制

任务一　纯油基钻井液配制

一、试剂与仪剂

试剂：白油（5#白油）或柴油（0#柴油）；有机土；氧化沥青；油酸；十二烷基苯磺酸钙；石灰；加重剂（重晶石）。

仪器：天平，精度0.01g；量筒，500mL、5mL各1支；广泛pH试纸，色阶0.5；搅拌器，负载转速11000r/min±300r/min；六速旋转黏度计；API中压滤失仪；滤纸，直径90mm，API中压滤失仪专用；秒表，精确至0.1s；滤饼黏滞系数测定仪；电稳定性测定仪；毛刷、洗涤剂等。

二、配制步骤

纯油基钻井液配方见表3-4。

表3-4　纯油基钻井液配方

材料和处理剂	功用	用量（质量分数），%
白油或柴油	液相	100%
有机土	胶体、悬浮剂	2~4
氧化沥青	胶体、增黏降滤失剂	5~9
主乳化剂	乳化剂	2~5
辅乳化剂	乳化剂	2~5
润湿剂	润湿剂	1~1.5
降滤失剂	降滤失剂	2.5~5
石灰	乳化剂、pH值调节剂	5~8
重晶石	加重剂	根据需要

纯油基钻井液参考配方：400mL 0#柴油+3%有机土+2%十二烷基苯磺酸钙+2%油酸+7%氧化沥青+1.5%XO-80+8% CaO+重晶石。

纯油基钻井液配制步骤为：

（1）用量筒准确量取400mL 0#柴油倒入搅拌杯中，开启搅拌器在11000r/min条件下搅拌，用天平准确称取12.0g有机土，缓慢加入柴油中，加药完成后，高速搅拌10min。

（2）按配方比例准确计算并称量十二烷基苯磺酸钙、油酸、氧化沥青、XO-80和Cao，按配方顺序依次缓慢加入各处理剂药品，每种药品加入完成后搅拌5min再加入下一种药品。

（3）所有药品加完后，高速搅拌40min，可根据密度需要加入重晶石并搅拌20min，钻井液配制完成。

注意：全油基钻井液性能测定完成后，将所有钻井液回收存放在规定的容器内封存，并贴好标签，作为后续实训项目的待测钻井液样品。

三、性能要求

配制好的纯油基钻井液性能应满足表 3-5 性能指标要求。

表 3-5　纯油基钻井液性能指标

性能参数	参数范围
ρ, g/cm^3	按要求
FV, s	50~80
AV, mPa·s	30~80
PV, mPa·s	30~60
YP, Pa	10~15
$G_{10''}/G_{10'}$, Pa	5~10/10~20
FL_{API}, mL	<3
FL_{HTHP}, mL	<8
含水，%	<3
破乳电压，V	>400
pH 值	8.5~10

纯油基钻井液性能测定数据记录在表 3-6 中。

表 3-6　纯油基钻井液性能测定实验数据记录表

性能参数	测量结果
ρ, g/cm^3	
FV, s	
AV, mPa·s	
PV, mPa·s	
YP, Pa	
$G_{10''}/G_{10'}$, Pa	
FL_{API}, mL	
FL_{HTHP}, mL	
含水，%	
破乳电压，V	
pH 值	

四、安全提示及注意事项

（1）本实验用到腐蚀性药品，药品称量、加药过程中要规范操作，严禁违章操作，防止药品与皮肤接触。

(2) 本实验用到高速搅拌器,严禁将硬物带入搅拌器;操作人员服装、头发必须整理整齐,无安全隐患;严禁搅拌器空转;操作中防止机械伤害。

(3) 注意用电安全,严禁湿手、湿抹布等接触电线。

(4) 废弃测定液倒入指定回收容器,严禁倒入下水道。

(5) 实验结束后,所有仪器设备应及时清洗干净。

任务二　油包水乳化钻井液配制

一、试剂与仪器

试剂:$0^\#$柴油;自来水;$CaCl_2$(化学纯);有机土;氧化沥青;石油磺酸铁;Span-80;腐殖酸酰胺;氧化钙;重晶石。

仪器:天平,精度0.01g;量筒,500mL、5mL各1支;广泛pH试纸,色阶0.5;搅拌器,负载转速11000r/min±300r/min;磁力搅拌器,配套转子;250mL烧杯;六速旋转黏度计;API中压滤失仪;滤纸,直径90mm,API中压滤失仪专用;秒表,精确至0.1s;滤饼黏滞系数测定仪;电稳定性测定仪;毛刷、洗涤剂等。

二、配制步骤

油包水乳化钻井液配方见表3-7。

表3-7　油包水乳化钻井液配方

材料和处理剂	功用	用量(质量分数),%
白油或柴油	液相	70~90
盐水	被乳化的液相(分散相)	30~10
有机土	胶体、悬浮剂	3~8
氧化沥青	胶体、增黏降滤失剂	2~6
主乳化剂	乳化剂	2~5
辅乳化剂	乳化剂	2~5
润湿剂	润湿剂	0.6~1.2
降滤失剂	降滤失剂	3~5
石灰	乳化剂、pH值调节剂	3~8
重晶石	加重剂	根据需要
$CaCl_2$或NaCl	配制盐水、调节活度	根据活度需要

本实验配制的油包水乳化钻井液选用石油磺酸铁和Span-80为主乳化剂,腐殖酸酰胺为辅乳化剂,有机土为悬浮剂,氧化沥青为增黏降滤失剂,并用石灰调节钻井液稳定性和悬浮性,钻井液参考配方为:280mL $0^\#$柴油+120mL $CaCl_2$盐水+3%有机土+10%石油磺酸铁+7%Span-80+3%腐殖酸酰胺+2%氧化沥青+9%CaO+重晶石。

注:$CaCl_2$盐水浓度为20%;油水比为70∶30。

油包水乳化钻井液配制步骤为:

（1）在烧杯中配制浓度为 20% 的 $CaCl_2$ 盐水 120mL，使用磁力搅拌器搅拌 5min，使 $CaCl_2$ 完全溶解，贴好标签。

（2）用量筒准确量取 280mL 0# 柴油倒入搅拌杯中，开启搅拌器在 11000r/min 条件下搅拌，用天平准确称取 12.0g 有机土，缓慢加入柴油中，加药完成后，高速搅拌 10min。

（3）按配方比例准确计算并称量石油磺酸铁、Span-80、腐殖酸酰胺、氧化沥青和 CaO，按配方顺序依次缓慢加入各处理剂药品，每种药品加入完成后搅拌 10min 后再加入下一种药品。

（4）所有药品加完后，高速搅拌 20min。

（5）搅拌器继续搅拌钻井液，将烧杯中配制的 $CaCl_2$ 盐水缓慢加入搅拌杯中，加入完成后，高速搅拌 40min，然后加入重晶石调节体系密度。

注意：油包水乳化钻井液性能测定完成后，将所有钻井液回收存放在规定的容器内封存，贴好标签，作为后续实训项目的待测钻井液样品。

三、性能要求

配制好的油包水乳化钻井液性能应满足表 3-8 性能指标要求。

表 3-8　油包水乳化钻井液性能指标

性能参数	参数范围
ρ, g/cm^3	按要求
FV, s	50~100
AV, mPa·s	90~120
PV, mPa·s	80~100
YP, Pa	2.5~10
$G_{10''}/G_{10'}$, Pa	2.5~5/5~10
FL_{API}, mL	<3
FL_{HTHP}, mL	<8
破乳电压, V	>400
pH 值	10~13

油包水乳化钻井液性能测定数据记录在表 3-9 中。

表 3-9　油包水乳化钻井液性能测定实验数据记录表

性能参数	测量结果
ρ, g/cm^3	
FV, s	
AV, mPa·s	
PV, mPa·s	
YP, Pa	
$G_{10''}/G_{10'}$, Pa	
FL_{API}, mL	

续表

性能参数	测量结果
FL_{HTHP}, mL	
破乳电压, V	
pH 值	

四、安全提示及注意事项

(1) 本实验所有药品称量、加药过程中要规范操作,严禁违章操作。

(2) 本实验用到高速搅拌器,严禁将硬物带入搅拌器;操作人员服装、头发必须整理整齐,无安全隐患;严禁搅拌器空转;操作中防止机械伤害。

(3) 注意用电安全,严禁湿手、湿抹布等接触电线。

(4) 废弃测定液倒入指定回收容器,严禁倒入下水道。

(5) 实验结束后,所有仪器设备应及时清洗干净。

思考题

(1) 什么是油基钻井液?与水基钻井液相比有何特点?

(2) 油基钻井液的组分包括哪些?各有何作用?

(3) 如何正确选择油基钻井液的乳化剂和润湿剂?

(4) 油基钻井液的配制和性能调节与水基钻井液有何不同?

(5) 表面活性剂有哪些类型?在油基钻井液配制过程中应如何选择?

项目二　油基钻井液性能测定

油基钻井液常规性能测定包括密度测定，流变参数（黏度、切力）测定，滤失性（API中压滤失、HTHP滤失）测定，油、水和固相含量测定，碱度、Cl^-和Ca^{2+}含量测定，电稳定性测定等。其中密度、流变参数、滤失性等参数的测量与水基钻井液相同，在水基钻井液部分已对相关技能进行训练，此处不再赘述，读者可查阅情境二"水基钻井液配制与检测"的内容或自行查阅GB/T 16783.2—2012《油基钻井液现场测定》进行操作。本实训项目主要对油基钻井液电稳定性测定，油、水及固相含量测定两部分内容进行技能训练，油基钻井液化学分析为项目三的实训内容。

任务一　油基钻井液电稳定性测定

油基钻井液的电稳定性（ES）是与其乳状液稳定性及油润湿性相关联的一个参数，是评价油基钻井液稳定性的重要指标。ES测定时，向浸入钻井液中的一对平行板电极施加一个电压逐渐上升的正弦电信号，所产生的电流一直很微弱，直至达到一个临界电压，此后电流强度急剧上升，这个临界电压称为油基钻井液的ES值。定义当电流强度达到61μA时所测得的峰值电压为油基钻井液的ES值，单位为伏特（V）。测量油基钻井液电稳定性的仪器称为电稳定性测定仪或破乳电压仪，如图3-2所示。

一、试剂与仪器

试剂：全油基钻井液样品（项目一配制）；油包水乳化钻井液样品（项目一配制）；异丙醇。

仪器：电稳定性测定仪；温度计，量程0℃~105℃；电炉或水浴锅；钻井液杯。

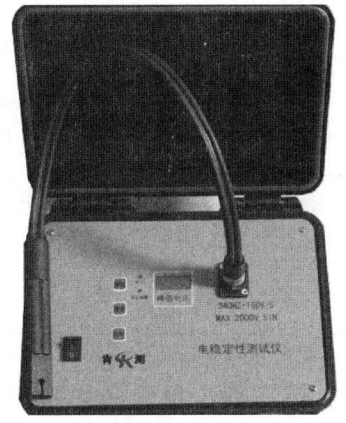

图3-2　电稳定性测定仪

二、电稳定性测定仪校正与性能检验

（1）检查电极和电缆线，看是否有损伤的迹象。

（2）保证整个电极间距内没有沉积物，电极与主机的接头清洁而干燥。

（3）将电极的探头取下（如果可能的话），按照使用说明书，进行一次升压试验。如果仪器工作正常，ES读值应该达到仪器所允许的最高电压。

（4）将电极接头重新接到电稳定性测定仪上，在空气中重复上述升压实验。同样，ES读值应该达到所允许的最高电压，否则，电极探头和接头就需要清洗或替换。

（5）在自来水中重复上述升压实验，ES读值不应超过3V。如果超过3V，需重新清洗电极或替换。

三、测定步骤

（1）按上述方法对仪器进行校正。

（2）将待测钻井液样品倒入恒温在 50℃±2℃ 的恒温杯中，记录下样品温度。

（3）用洁净的纸巾将电极探头彻底擦干净，使纸巾反复若干次穿过电极的间距。将电极在用来配制钻井液的基油中搅动。如果无法获得基油，也可以用其他油或温和的溶剂（如异丙醇）代替。按照前述同样的方法清洗和擦干电极探头。

注意：不得使用清洁液或芳烃溶剂（如二甲苯）来清洗电极探头和电缆线。

（4）手持电极探头在 50℃ 的钻井液样品搅拌 10s，以保证钻井液的成分和温度均一。将电极放在合适的位置，使它不得接触容器的底和壁，并且保证电极的表面完全被样品覆盖。

（5）按照仪器说明书中介绍的步骤开始升压操作。升压过程中不得移动电极。

（6）升压结束后，记录显示屏上的 ES 读值。

（7）用同样的钻井液样品重复测量两次，两次 ES 读值之差不得超过 5%。否则，检查 ES 测定仪和电极探头是否有故障。

（8）记录两次 ES 测量的平均值。

四、实验数据记录

实验数据和处理结果填入表 3-10 中。

表 3-10　油基钻井液电稳定性测定实验数据记录表

钻井液类型		纯油基钻井液	油包水乳化钻井液
ES 读值	第 1 次		
	第 2 次		
平均值			

五、安全提示及注意事项

（1）废弃测定液倒入指定回收容器，严禁倒入下水道或水槽。

（2）实验结束后，所有仪器设备应及时清洗干净。

（3）电稳定性测定仪属于精密仪器，使用之后应仔细擦洗干净并放入仪器箱内妥善保管。

任务二　油基钻井液油、水及固相含量测定

油基钻井液油、水及固相含量测定与水基钻井液一样，采用蒸馏法进行。具体做法是在校正好且工作正常的蒸馏器内加热样品，使其中的液相（油、水两相）成分挥发，然后让蒸气通过冷凝管，在冷凝管接收端放置一个百分刻度量筒，通过读取百分刻度量筒中的油水体积分数，就可知道钻井液中的油和水的含量（体积分数），进而计算出钻井液中

的固相含量（视频 3-2）。若没有百分量筒，可使用普通的 20mL 量筒，接收蒸发出的液相，从所用钻井液样品的体积中减去收集到的总液体体积，再除以样品的体积，即可得到钻井液中固相的体积分数（固相含量）。ZNG-A 型固相含量测定仪如图 3-3 所示。

图 3-3　ZNG-A 型固相含量测定仪

一、试剂与仪器

试剂：待测油基钻井液样品（项目一配制的钻井液或现场钻井液样品）。

仪器：固相含量测定仪；黄油或耐温硅脂；注射器，20mL；秒表；马氏漏斗黏度计；玻璃棒。

二、测定步骤

（1）取一套固相含量测定仪，检查蒸馏器样品杯、冷凝通道，确保其清洁而干燥，将电源与加热棒连接，并接通电源，过 5~10s 用手轻轻触碰加热棒看是否有温度，如果有温度，表明加热棒好用；如果没有温度，应更换加热棒。

（2）采集有代表性的油基钻井液样品，冷却至大约 26℃，用马氏漏斗黏度计上的 1.68mm（12 目）筛网将钻井液样品过滤，除去堵漏材料、大颗粒固相和其他碎屑物。

注意： 此步针对现场采集的油基钻井液样品，如果钻井液为室内配制，则可省略冷却和过滤步骤。

（3）用玻璃棒彻底搅拌钻井液样品，以保证其完全均一，不得有固相停留在容器底部。

（4）缓慢地将钻井液倒入样品杯中，避免混入空气，轻轻叩击样品杯一侧以排除空气。轻轻旋转并盖上样品杯计量盖，使杯与盖恰好吻合。要保证有少许过量的钻井液从计量盖上的小孔溢出。将过量的钻井液擦去，同时要避免将杯内样品吸出。

注意： 如果蒸馏器内混有空气，则实际样品体积变小，测量结果可能出现异常高的蒸馏固相。

（5）向蒸馏器主体内填入钢毛。

（6）在样品杯的螺纹上涂覆润滑油作密封剂，一只手扶住样品杯在实验台上保持不动，另一只手依次将蒸馏器套筒和加热棒与样品杯旋紧在一起。

（7）将蒸馏器引流管插入冷凝器入口端，在冷凝器出口下方放置洁净、干燥的百分刻度量筒，以接收冷凝成液体的油和水。

（8）将加热棒插头插入电线插头，通电加热蒸馏，并计时，加热至少45min。

注意：如果钻井液沸腾而直接进入量筒，需向蒸馏器主体内填入更多的钢毛，然后重复上述实验操作。

（9）当再无液体流出时，移开接收量筒，使其冷却，记录量筒内收集到的总液体体积（或体积分数）、油相体积（或体积分数）、水相体积（或体积分数）。

注意：如果在油相和水相之间存在一个乳化界面，将界面加热有可能破乳。本实验建议，用手握住蒸馏装置（加热套筒）一端（一定要戴隔热手套或其他隔热装置），然后小心地加热乳化界面。加热方法是让蒸馏装置与量筒油水界面处轻轻接触片刻，当界面破乳后，使接收器冷却，在凹液面的最低点读取水相体积和总液体体积。

（10）断开加热电源，待蒸馏器装置冷却之后再清洗。

三、数据整理与计算

如果使用百分刻度量筒接收蒸馏液相，则可直接读出量筒中的水相体积分数和液相总体积分数，进而计算出油相体积分数和固相体积分数。

如果使用普通量筒接收蒸馏液相，利用测得的油、水体积，以及原始钻井液样品的体积，即可计算油相、水相和固相体积分数。

按式（3-1）计算样品中油相体积分数：

$$\varphi_o = \frac{V_o}{V_s} \times 100\% \tag{3-1}$$

式中　φ_o——钻井液中油相体积分数；

V_o——蒸馏出的油相体积，mL；

V_s——钻井液样品体积，mL。

按式（3-2）计算样品中水相体积分数：

$$\varphi_w = \frac{V_w}{V_s} \times 100\% \tag{3-2}$$

式中　φ_w——钻井液中水相体积分数；

V_w——蒸馏出的水相体积，mL。

按式（3-3）计算样品中固相体积分数：

$$\varphi_{sol} = 100\% - (\varphi_w + \varphi_o) \tag{3-3}$$

式中　φ_{sol}——钻井液中固相体积分数。

注意：因钻井液中有溶解盐，该方法计算得到的固相含量高于钻井液中的悬浮固相。可利用已知的盐溶液体积分数系数进行固相含量校正（盐溶液的计算按项目三实训进行）。

结果填入表3-11中。

表 3-11 油基钻井液油、水及固相含量测定结果记录表

次数	水相体积分数测定			油相体积分数测定			固相含量测定	
	V_s,mL	V_w,mL	φ_w,%	V_s,mL	V_o,mL	φ_o,%	V_s,mL	φ_{sol}
1次								
2次								
平均								

四、安全提示及注意事项

（1）本实验涉及高温操作，实验过程中要规范操作，严禁违章操作，防止烫伤。

（2）废弃测定液倒入指定回收容器，严禁倒入下水道或水槽。

思考题

（1）电稳定性测定仪的工作原理是什么？

（2）油基钻井液一般要求破乳电压为多少？

（3）油基钻井液电稳定性与哪些因素有关？如何保证钻井液有良好的电稳定性？

（4）油基钻井液固相主要有哪些类型？

（5）查阅相关资料，说明修正油包水乳化钻井液（水相为 $CaCl_2$ 盐水）固相含量的方法。

项目三　油基钻井液化学分析

油基钻井液化学分析包括碱度测定、Cl^-含量测定和Ca^{2+}含量测定。

油基钻井液中过量的碱性物质（如石灰）有助于稳定乳状液体系，也可以中和CO_2或H_2S等酸性气体。油基钻井液碱度用于计算油基钻井液中未反应的过量石灰含量。本实验采用滴定方法测定碱度，即中和油基钻井液样品中的碱性物质所需要的标准酸的体积。

油包水乳化钻井液水相一般使用$CaCl_2$或$NaCl$盐水，以提高钻井液的页岩抑制效果。钻井过程中，受地层水或高矿化度（含盐地层或盐水层）地层的影响，钻井液矿化度会发生变化，因此需对钻井液的Cl^-含量进行准确测定。同时在油田现场，也需要准确的水相矿化度来校正蒸馏所得到的含水量，以便获得钻井液中准确的固相含量值（该部分内容为油基钻井液油、水及固相含量测定部分的内容，受盐离子的影响，钻井液固相含量需进行修正，可参见GB/T 16783.2—2012《油基钻井液现场测定》）。钻井液中的Cl^-，直到饱和都认为是存在于水相中的，因此可采用滴定法，即测定与Cl^-反应生成AgCl沉淀所需要的标准$AgNO_3$溶液的体积。如果样品为酸性（pH值低于7.0），Cl^-含量测定可以使用与碱度测定同样的钻井液样品。

钻井液Ca^{2+}含量测定也使用一种滴定方法，该方法通过测定与油基钻井液所释放出来的Ca^{2+}反应所需要的标准螯合剂（EDTA）溶液的体积来计算钻井液中的Ca^{2+}含量。实验时先用一种混合溶剂对油基钻井液进行萃取。本实验所测出的Ca^{2+}可能来源于配制钻井液时所加入的$CaCl_2$或CaO，也可能来源于所钻含膏地层（石膏或盐膏地层）。Ca^{2+}含量测定结果与Cl^-含量及水含量实验结果一起可以用来计算钻井液中水相的$CaCl_2$矿化度或$NaCl$矿化度。

任务一　油基钻井液碱度测定

一、试剂与仪器

试剂：待测油基钻井液样品；溶剂，丙二醇正丙基醚（PNP）；酚酞指示剂溶液，1g酚酞溶于100mL 50%的异丙醇溶液中；硫酸标准溶液，0.05mol/L；蒸馏水或去离子水；量筒，25mL、150mL、250mL各1支。

仪器：一次性注射器，5mL；滴定容器，400mL烧杯；刻度移液管，1mL、10mL各1支；洗耳球；磁力搅拌器，配有4cm搅拌子（带镀层）；玻璃棒；量筒，25mL、150mL、250mL各1支；电子天平，精度0.01g。

二、测定步骤

（1）向滴定容器中加入100mL PNP溶液。

(2) 用一支 5mL 注射器，吸入 3.0mL 以上的钻井液样品。

(3) 将其中的 2.0mL 钻井液样品转移到滴定容器中。

(4) 用玻璃棒搅拌油基钻井液样品和溶剂，直至混合均匀。

(5) 加入 200mL 蒸馏水（或去离子水）。

(6) 加入 15 滴酚酞指示剂溶液。

(7) 在磁力搅拌器搅拌下，用硫酸标准溶液滴定至粉红色恰好消失，继续搅拌 1min，如果粉红色不再出现，停止搅拌。

注意：可能需要停止搅拌，以便让油水两相发生分层，这样可以更清晰地观察到水相中的颜色变化。

(8) 让样品静置 5min，如果粉红色不再出现，则表明已达终点。若粉红色复现，使用硫酸标准溶液进行二次滴定。若粉红色依旧复现，进行三次滴定。三次滴定之后即使粉红色复现，也认为到达终点。将消耗的硫酸标准标溶液体积记作 $V_{H_2SO_4}$，单位为 mL。

(9) 用滴定至终点所消耗的硫酸标准溶液的体积计算钻井液碱度。

三、实验数据记录与处理

实验数据和处理结果填入表 3-12 中，表中钻井液碱度按式 (3-4) 计算：

$$Alk_{TOT} = \frac{V_{H_2SO_4}}{V_S} \tag{3-4}$$

式中　Alk_{TOT}——钻井液碱度；

　　　$V_{H_2SO_4}$——消耗硫酸标准溶液体积，mL；

　　　V_S——钻井液样品体积，mL。

表 3-12　油基钻井液化学分析结果记录表

滴定次数	油基钻井液化学分析								
	碱度测定			Cl^- 含量测定			Ca^{2+} 含量测定		
	样品体积 mL	$AgNO_3$ 体积 mL	Cl^- 含量 mg/L	样品体积 mL	$AgNO_3$ 体积 mL	Cl^- 含量 mg/L	样品体积 mL	EDTA 体积 mL	Ca^{2+} 含量 mg/L
1 次									
2 次									
3 次									
平均									

任务二　油基钻井液 Cl^- 含量测定

一、试剂与仪器

试剂：待测油基钻井液样品；溶剂，丙二醇正丙基醚（PNP）；酚酞指示剂溶液，1g 酚酞溶于 100mL 50% 的异丙醇溶液中；硫酸标准溶液，0.05mol/L；蒸馏水或去离子水；铬酸钾指示剂溶液，5g/100mL 水；$AgNO_3$ 标准溶液，$c(AgNO_3) = 47.91g/L$，$c(Cl^-)=$

0.01g/mL（或 0.282mol/L），储存于棕色或不透明的瓶中。

仪器：一次性注射器，5mL；滴定容器，400mL 烧杯，带盖；刻度移液管，1mL、10mL 各 2 支（1 对用于硫酸标准溶液，另 1 对用于硝酸银标准溶液）；洗耳球；磁力搅拌器，配有 4cm 搅拌子（带镀层）；玻璃棒；量筒，25mL、150mL、250mL 各 1 支；电子天平，精度 0.01g。

二、测定步骤

（1）执行任务一中钻井液碱度测定步骤（1）~（8），或取碱度测定后滴定瓶中的混合溶液作为 Cl^- 含量测定样品，向待测混合溶液中加入 10~20 滴或更多的硫酸标准溶液，以保证混合液呈酸性（pH 值低于 7.0）。

（2）加入 10~15 滴铬酸钾指示剂溶液。

（3）在磁力搅拌器快速搅拌的同时，用硝酸银标准溶液慢慢滴定，直至出现橙红色并稳定至少 1min 不褪色。可能需要停止搅拌，以便让油水两相发生分层，这样可以更清晰观测到水相中的颜色变化。

注意：滴定过程中可能还需要补加几滴铬酸钾指示剂溶液。

（4）用滴定至终点所消耗的硝酸银标准溶液体积计算钻井液中的 Cl^- 含量。

三、实验数据记录与处理

实验数据和处理结果填入表 3-12 中，表中钻井液 Cl^- 含量按式（3-5）计算：

$$c(Cl^-)_{TOT} = 10000 \times \frac{V_{AgNO_3}}{V_S} \tag{3-5}$$

式中　$c(Cl^-)_{TOT}$——钻井液中 Cl^- 含量，mg/L；

　　　V_{AgNO_3}——消耗硝酸银标准溶液体积，mL。

任务三　油基钻井液 Ca^{2+} 含量测定

一、试剂与仪器

试剂：待测油基钻井液样品；溶剂，丙二醇正丙基醚（PNP）；酚酞指示剂溶液，1g 酚酞溶于 100mL 50%的异丙醇溶液中；硫酸标准溶液，0.05mol/L；蒸馏水或去离子水；铬酸钾指示剂溶液，5g/100mL 水；硝酸银标准溶液，$c(AgNO_3) = 47.91g/L$，$c(Cl^-) = 0.01g/mL$（或 0.282mol/L），储存于棕色或不透明的瓶中；钙缓冲溶液，1mol/L NaOH，用分析纯氢氧化钠配制（钙缓冲溶液应储存在密闭的瓶中，以尽可能减少对空气中 CO_2 的吸收）；钙指示剂，CalverⅡ或羟基萘酚蓝；EDTA 标准溶液，0.1mol/L EDTA，即二水合乙二胺四乙酸二钠盐的标准溶液（1mL=10000mg/L $CaCO_3$，1mL=4000mg/L Ca^{2+}），这种 EDTA 溶液的浓度是水基钻井液试验中所用溶液浓度的 10 倍。

仪器：一次性 5mL 注射器；滴定容器，400mL 烧杯，带盖；刻度移液管，1mL、2mL 各 2 支（1 对用于硫酸标准溶液，另 1 对用于硝酸银标准溶液）；洗耳球；磁力搅拌器，配有 4cm 搅拌子（带镀层）；玻璃棒；量筒，25mL、150mL、250mL 各 1 支；电子天平，精度 0.01g。

二、测定步骤

（1）向一带盖的滴定容器中加入 100mL PNP 溶液。
（2）用一支一次性 5mL 注射器，吸入 3.0mL 以上的钻井液样品。
（3）将其中的 2.0mL 钻井液转移到滴定容器中。
（4）盖紧滴定容器的盖子，用手剧烈摇动 1min。
（5）向滴定容器中加入 200mL 蒸馏水或去离子水。
（6）加入 3.0mL 钙缓冲溶液。
（7）加入 0.1~0.25g 钙指示剂。
（8）重新盖紧滴定容器的盖子，再次剧烈摇动 2min，静置几秒以便油、水两相分离，如果水相（下层）出现淡红色，则表明有 Ca^{2+} 存在。
（9）将滴定容器放到磁力搅拌器上，并放入一个搅拌子。
（10）开动搅拌器，使其刚好能搅动水相（下层），而又不致使上下两层混合，同时用 EDTA 标准溶液非常缓慢地、逐滴进行滴定。在终点时会有一个明显的颜色变化，即从淡红色变为蓝绿色。记录所加入的 EDTA 标准溶液体积 V_{EDTA}，单位为 mL。
（11）用滴定至终点所消耗的 EDTA 标准溶液体积计算钻井液的 Ca^{2+} 含量。

三、实验数据记录与处理

实验数据和处理结果填入表 3-12 中，表中钻井液 Ca^{2+} 含量按式（3-6）计算：

$$c(Ca^{2+})_{TOT} = 4000 \times \frac{V_{EDTA}}{V_S} \tag{3-6}$$

式中　$c(Ca^{2+})_{TOT}$——待测钻井液中 Ca^{2+} 含量，mg/L；
　　　V_{EDTA}——消耗的 EDTA 标准溶液体积，mL。

四、安全提示及注意事项

（1）本实验用到腐蚀性药品，药品称量、配制、滴定过程中要规范操作，严禁违章操作，防止药品与皮肤接触；如果硫酸不慎与皮肤接触，应立即用大量流动清水冲洗（如有明显滴痕，先用干抹布擦干，再用水清洗），再用 3%~5% 碳酸氢钠溶液洗涤，并及时就医；如果氢氧化钠溶液与皮肤接触，先用大量流动清水冲洗，再用 3% 硼酸溶液清洗并就医。
（2）废弃测定液倒入指定回收容器，严禁倒入下水道或水槽。

思考题

（1）油基钻井液碱度测定的目的是什么？

（2）油基钻井液滴定前加入 PNP 溶液的作用是什么？

（3）油基钻井液 Cl^- 含量测定的目的是什么？

（4）查阅相关资料，说明根据 Ca^{2+} 含量、Cl^- 含量测定结果计算钻井液中 $CaCl_2$ 和 NaCl 矿化度的步骤。

（5）油基钻井液滴定过程与水基钻井液滴定过程相比，二者有何不同？

情境四 完井液配制与检测

从钻开油气层到完井这一阶段的各种工程作业（包括在油气层钻进、测井、下套管、固井、射孔、油气井投产等）中所使用的流体统称为完井液。完井液最主要的功能和使用完井液最主要的目的就是最大限度地保护油气层，防止储层伤害，从而保持开发过程中具有较高产能。

完井液按照流体成分不同可分为清洁盐水、聚合物盐水、改进钻井液、油基完井液和气体或充气完井液五种类型。

一、清洁盐水

清洁盐水包括不含有各种固体颗粒的化学盐类溶液，可以是一种盐的溶液，也可以是两种或三种盐类组成的复合盐溶液，如 NaCl、KCl、$CaCl_2$、$NaCl-CaCl_2$、$CaCl_2-CaBr_2$、$NaCl-KCl-CaCl_2$ 等。清洁盐水的成分不同，其密度在很大范围内变化。清洁盐水因不含固相（黏土、加重材料）、聚合物及其他添加剂，并且具有很强的抑制黏土水化分散的能力，所以对油气层的污染和伤害很轻。但其黏度低、不能形成滤饼、易进入产层，且携带和悬浮能力差，不能加重等缺点使其使用也受到一定的限制。不同清洁盐水的成分、密度范围和特点见表4-1。

表4-1 各种清洁盐水的成分、密度范围和特点

序号	成分	密度 lb/gal	密度 g/cm³	特点
1	NaCl	8.4~10.0	1.01~1.20	来源广泛、价格低廉、配制简单
2	KCl	8.4~9.7	1.01~1.16	抑制性好、配制简单
3	$CaCl_2$	8.4~11.6	1.01~1.39	价格低廉、配制简单
4	NaCl+$CaCl_2$	10.0~11.6	1.20~1.39	价格低廉、配制简单
5	NaCl+KCl+$CaCl_2$	8.4~11.6	1.01~1.39	价格低廉、配制简单
6	$CaBr_2$	8.4~15.3	1.01~1.84	价格较高
7	$ZnBr_2$	19.2~21.5	2.30~2.60	价格昂贵、对人体和环境有害

二、聚合物盐水

聚合物盐水是以清洁盐水作为基液，加入一定量的聚合物增稠剂、降滤失剂（可酸

溶或被酸降解），以及适当数量的加重剂、桥堵剂（可酸溶、水溶或油溶）、pH 缓冲剂、缓蚀剂、除泡剂等配制而成的完井液体系。

三、改进钻井液

改进钻井液是由上部地层使用的钻井液在进入油气层前进行调整和处理而成，或用其他井的钻井液调配转变而成，以达到保护油气层、防止储层伤害和满足完井作业等要求的完井液。为保护油气层、防止储层伤害和满足完井作业要求，应对钻井液进行以下调整和处理：

(1) 降低其固相含量和膨润土含量。
(2) 进行一定的化学处理，提高其抑制性。
(3) 根据地层压力，对其密度进行调整。
(4) 降低其滤失量至适当数值。
(5) 加入一定数量适合产层尺寸的桥堵剂。
(6) 加入一定数量润滑剂提高其润滑性能。

四、油基完井液

可将钻井用的全油基钻井液或油包水乳化钻井液作为完井液使用，但为了满足完井作业要求和防止对储层的伤害，应使用现场四级固控设备并根据室内评价实验对钻井液性能进行调整。

五、气体或充气完井液

在低压、低渗产层，可使用气体或充气完井液，包括干气体钻井流体（空气、天然气）、雾化钻井液、泡沫钻井液和充气钻井液等。

为了使读者对不同类型完井液体系的配制、性能评价、现场使用与维护等知识和技能进行全方面的学习和训练，结合完井液在现场使用过程中的实际工作任务提炼实训内容，设计以下四个实训项目：

(1) 完井液配制与常规性能测定。
(2) 完井液抑制性能评价。
(3) 完井液储层伤害评价。
(4) 完井液配方设计与优化。

通过实训课程的集中训练，使读者达到以下实训目的：

(1) 具备独立完成不同类型完井液配制与常规性能测定的能力。
(2) 能够采用不同方法对完井液的抑制性能进行评价。
(3) 能够熟练掌握完井液储层伤害评价相关操作技能。
(4) 能够根据地层特点或完井液性能要求完成完井液配方设计与优化。
(5) 培养仪器的规范操作能力及实验数据计算与分析处理的能力，增强团队协作、环境保护意识。

项目一 完井液配制与常规性能测定

任务一 清洁盐水配制与性能测定

一、试剂与仪器

试剂：NaCl（分析纯、化学纯或工业级均可）；KCl（分析纯、化学纯或工业级均可）；$CaCl_2$（分析纯、化学纯或工业级均可）；清水（自来水或蒸馏水均可）。

仪器：天平，精度 0.01g；量筒，500mL；搅拌器，负载转速 11000r/min±300r/min，或其他搅拌器。

二、配制过程

1. 氯化钠盐水配制

氯化钠盐水是最为常用的清洁盐水完井液体系，其密度范围为 1.01～1.20g/cm³（8.4～10.0lb/gal），密度由氯化钠的浓度确定。氯化钠盐水可使用密度为 1.20g/cm³ 的饱和 NaCl 溶液与清水混合或用固体 NaCl 加入清水中溶解配制而成。在配制氯化钠盐水时，为了防止地层黏土的水化，可在氯化钠盐水中加入 1%～3% 的氯化钾，氯化钾不起加重作用，只作为地层伤害抑制剂。不同密度的氯化钠盐水配方见表 4-2。

表 4-2 用 99% 固体 NaCl 与清水配制 1m³ 不同密度的氯化钠盐水配方

密度（21℃/70°F）g/cm³	NaCl 质量分数 %	H_2O 加量 m³	99%固体 NaCl 加量 kg	结晶温度，℃/°F	
				实际结晶温度	结晶完全溶解温度
1.01	1.04	0.998	10.6	−1/30	2/36
1.02	2.66	0.993	27.4	−5/23	0/32
1.03	4.44	0.986	46.3		
1.04	6.01	0.981	63.4		
1.06	7.53	0.976	80.2		
1.07	9.22	0.969	99.4		
1.08	10.74	0.962	117.1	−6/21	−3/27
1.09	12.36	0.955	136.2		
1.10	13.91	0.948	155.0	−10/14	−6/22
1.12	15.54	0.940	175.0		
1.13	17.05	0.933	194.2		
1.14	18.51	0.926	213.0	−14/6	−9/16
1.15	19.96	0.919	232.1		
1.16	21.53	0.910	253.0		
1.18	22.99	0.902	271.2	−16/3	−12/10
1.19	24.36	0.895	292.1		
1.20	25.69	0.890	311.2	−5/23	1/34

2. 氯化钾盐水配制

氯化钾盐水是对付水敏性地层最好的完井液之一，在地面用固体 KCl 在淡水中溶解可配制成密度 $1.01\sim1.16\mathrm{g/cm^3}$（$8.4\sim9.7\mathrm{lb/gal}$）的溶液，其密度由 KCl 的浓度确定，不同密度的氯化钾盐水配方见表4-3。

表4-3 用99%固体 KCl 与清水配制 $1\mathrm{m^3}$ 不同密度的氯化钾盐水配方

密度(21℃/70℉) $\mathrm{g/cm^3}$	KCl 质量分数 %	H_2O 加量 $\mathrm{m^3}$	99%固体 KCl 加量 kg	结晶温度, ℃/℉	
				实际结晶温度	结晶完全溶解温度
1.01	1.21	0.995	12.3	0/32	2/36
1.02	3.22	0.986	33.1	-3/27	1/34
1.03	5.21	0.977	54.2		
1.04	7.04	0.97	74.2		
1.05	8.95	0.96	95.4		
1.07	10.86	0.95	117.1		
1.08	12.49	0.943	136.2	-7/20	-3/26
1.09	14.43	0.932	159.0		
1.10	16.06	0.924	179.0		
1.11	17.59	0.917	198.2	-9/16	-6/22
1.13	19.26	0.908	219.3		
1.14	20.87	0.898	240.1	8/47	12/54
1.15	22.47	0.89	261.3		
1.16	23.96	0.882	281.5		

3. 氯化钙盐水配制

为了对付油层的异常高压，要求完井液密度高于 $1.20\mathrm{g/cm^3}$，最经济有效的清洁盐水完井液是氯化钙盐水。氯化钙盐水的密度范围为 $1.01\sim1.39\mathrm{g/cm^3}$。现场配浆用氯化钙有两种：粒状氯化钙纯度为94%~97%，含水5%，能很快溶解在水中；片状氯化钙，纯度为77%~82%，含水20%。用片状氯化钙配制时，需增大氯化钙的加量。两种产品联合使用可适当降低成本。氯化钙盐水的密度由 $CaCl_2$ 浓度确定，不同密度的氯化钙盐水配方见表4-4。

表4-4 用94%~97%固体 $CaCl_2$ 与清水配制 $1\mathrm{m^3}$ 不同密度的氯化钙盐水配方

密度(21℃/70℉) $\mathrm{g/cm^3}$	$CaCl_2$ 质量分数 %	H_2O 加量 $\mathrm{m^3}$	94%~97%固体 $CaCl_2$ 加量 kg	结晶温度, ℃/℉	
				实际结晶温度	结晶完全溶解温度
1.01	1.0	0.998	10.8	-1/31	0/32
1.02	2.0	0.996	21.7		
1.03	3.0	0.992	36.0		
1.04	5.0	0.988	55.1	-2/28	-1/31
1.05	6.0	0.986	66.0		
1.07	8.0	0.984	83.9		
1.08	9.0	0.977	99.6	-3/26	-1/31

续表

密度(21℃/70℉) g/cm³	CaCl₂ 质量分数 %	H₂O 加量 m³	94%~97%固体 CaCl₂ 加量 kg	结晶温度, ℃/℉	
				实际结晶温度	结晶完全溶解温度
1.09	10.0	0.973	115.9		
1.10	12.0	0.969	132.5		
1.11	13.0	0.965	148.8	−7/19	−4/25
1.13	15.0	0.961	165.0		
1.14	16.0	0.95	182.2		
1.15	17.0	0.952	199.3	−12/11	−9/16
1.16	18.0	0.947	215.9		
1.17	19.0	0.943	232.4		
1.19	21.0	0.937	249.8	−17/1	−14/6
1.20	22.0	0.932	267.2		
1.21	23.0	0.927	284.4		
1.22	24.0	0.923	301.2	−26/−14	−20/−4
1.23	25.0	0.917	319.0		
1.25	27.0	0.912	336.9		
1.26	28.0	0.906	353.8	−33/−28	−29/−20
1.27	29.0	0.901	370.3		
1.28	30.0	0.896	385.5		
1.29	31.0	0.892	400.3	−44/−47	−36/−32
1.31	32.0	0.886	421.7		
1.32	33.0	0.88	443.1		
1.33	34.0	0.873	460.3	−16/4	−13/8
1.34	35.0	0.866	477.1		
1.35	36.0	0.859	495.9		
1.37	37.0	0.853	514.8	0/32	2/36
1.38	38.0	0.847	531.9		
1.39	39.0	0.842	549.1	1/34	7/44

注：(1) 当使用78%的 $CaCl_2$ 配制时，78%含量 $CaCl_2$ 用量 (lb/bbl) = 95%含量 $CaCl_2 \times 1.218$。
(2) 使用78%含量 $CaCl_2$ 配制时，用水量 (gal/bbl) = 使用95%含量 $CaCl_2$ 配制时用水量 (gal/bbl) − 需用78%含量 $CaCl_2$ 的重量 (lb/bbl) − 需用95%含量 $CaCl_2$ 的重量 (lb/bbl) / 8.345。

三、清洁盐水性能测定

分别根据氯化钠盐水、氯化钾盐水和氯化钙盐水配方选择一种配比配制完井液体系，并按钻井液常规性能测定步骤对完井液密度、流变参数、酸碱性进行测定，测定结果填入表 4-5 中。

表 4-5 清洁盐水性能测定实验数据记录表

氯化钠盐水配方					
性能参数	密度, g/cm^3	PV, $mPa·s$	YP, Pa	$G_{10''}/G_{10'}$, Pa	pH 值
测量值					
氯化钾盐水配方					
性能参数	密度, g/cm^3	PV, $mPa·s$	YP, Pa	$G_{10''}/G_{10'}$, Pa	pH 值
测量值					
氯化钙盐水配方					
性能参数	密度, g/cm^3	PV, $mPa·s$	YP, Pa	$G_{10''}/G_{10'}$, Pa	pH 值
测量值					

四、安全提示及注意事项

（1）本实验用到腐蚀性药品，药品称量、加药过程中要规范操作，严禁违章操作，防止药品与皮肤接触；如果不慎与皮肤接触，应立即用大量清水冲洗。

（2）废弃测定液倒入指定回收容器，严禁倒入下水道。

任务二 聚合物盐水配制与性能测定

因清洁盐水中不含固相，在井壁上不能形成致密滤饼，因此滤失量很大，在高渗透地层易发生漏失。为了减少价格昂贵的完井液漏失和减少对储层的伤害，可以在清洁盐水中加入水溶性聚合物作增稠剂来提高水相的黏度，同时辅助添加桥堵剂、加重剂等处理剂将清洁盐水转为聚合物盐水。

聚合物盐水所使用的增稠剂应可被酸（盐酸、氨基磺酸或柠檬酸等）降解，不伤害储层，可选用羟乙基纤维素（HEC）、交联的羟丙基淀粉醚、黄原胶（XC）、多种金属层状氢氧化物（MMH）、聚阴离子纤维素（PAC）和其他大分子聚合物（如 KPAM、PAC-141、FA-367 等）。

桥堵剂可选用水溶、酸溶或油溶性暂堵材料，每种材料按其颗粒尺寸范围可分为不同级别（如粗、中、细等），其颗粒尺寸分布应与油气层孔隙尺寸分布相适应。通过桥堵剂尺寸的合理配比暂时堵塞油气层孔隙，从而有效防止或减轻流体、滤液对油气层的伤害。油井投产时，可用清水、不饱和盐溶液、酸或油类（作业中使用的油或产层油流）溶解，从而解堵。常用的水溶性桥堵剂有食盐粉（NaCl）、硼酸盐粉（$NaCaB_5O_9·8H_2O$）；酸溶性桥堵剂有碳酸钙粉（$CaCO_3$）；油溶性桥堵剂有可被油（柴油、原油等）溶解的油溶性树脂。

聚合物盐水中最常用的加重剂是食盐粉（NaCl，密度 $2.17g/cm^3$）和石灰石粉（$CaCO_3$，密度 $2.71g/cm^3$），也可用酸溶性赤铁矿粉（Fe_2O_3，密度 $4.70 \sim 5.10g/cm^3$）和菱铁矿粉（$FeCO_3$，密度 $3.80 \sim 3.90g/cm^3$）。

一、试剂与仪器

试剂：NaCl（分析纯、化学纯或工业级均可）；XC；HEC；MMH；PAC；羧甲基纤维素（CMC）；NaOH（分析纯）；消泡剂；纯度93%以上的食盐粉；清水（自来水或蒸馏水均可）。

仪器：天平，精度0.01g；量筒，500mL；搅拌器，负载转速11000r/min±300r/min，或其他搅拌器；钻井液密度计；六速旋转黏度计；pH试纸或pH计。

二、配制过程

（1）使用清水和纯度为99%以上的NaCl配制 $1.20g/cm^3$ 的饱和盐水基液400mL。

（2）将饱和盐水基液倒入搅拌杯中，加入0.03%~0.06%消泡剂。

（3）加入增稠剂，高速搅拌10min，可从下列聚合物中选择一种增稠剂：①XC 0.3%~0.8%；②HEC 0.5%~1.2%；③HEC 0.4%~1.0%+MMH 0.2%~0.4%；④XC 0.2%~0.6%+MMH 0.2%~0.4%。

（4）加入降滤失剂，高速搅拌10min，可从下列处理剂中选择一种：①羟乙基淀粉（HES）或羟丙基淀粉（HPS）0.6%~1.0%；②PAC 0.5%~0.8%；③CMC 0.6%~1.0%；④HEC 0.3%~0.5%

（5）加入0.3%~0.8% NaOH，搅拌5min，调节pH值至9.0~9.5。

（6）加入纯度93%以上的食盐粉作为桥堵剂和加重剂。盐粉按粒度可分为两种，粗盐粉100%通过80目筛（<178μm），细盐粉100%通过200目筛（<74μm）。加入盐粉的质量可由使用的完井液密度按式(4-1)计算：

$$W = \rho \frac{\rho_2 - \rho_1}{\rho - \rho_1} \tag{4-1}$$

式中 W——需加入的盐粉质量，t/m^3；

ρ——盐粉密度，可取 $2.17 \sim 2.20g/cm^3$；

ρ_2——加重后完井液密度，g/cm^3；

ρ_1——加重前完井液密度，g/cm^3。

如加重前完井液密度（饱和盐水）取 $\rho_1 = 1.20g/cm^3$，食盐密度取 $\rho = 2.20g/cm^3$，则上式可写为：

$$W = 2.20\rho_2 - 2.64 \tag{4-2}$$

三、性能测定

按钻井液常规性能测定步骤对聚合物盐水密度、流变参数、酸碱性进行测定,测定结果填入表4-6中。

表4-6 聚合物盐水钻井液性能指标

聚合物盐水配方 性能参数	密度,g/cm^3	PV,mPa·s	YP,Pa	$G_{10"}/G_{10'}$,Pa	pH值
理论值	1.20~1.60	15~18	6~20	2~3/3~5	9.0~9.5
实测值					

四、安全提示及注意事项

(1) 本实验用到腐蚀性药品,药品称量、加药过程中要规范操作,严禁违章操作,防止药品与皮肤接触;如果不慎与皮肤接触,应立即用大量清水冲洗,然后用3%硼酸溶液清洗。

(2) 本实验用到高速搅拌器,严禁将硬物带入搅拌器;操作人员服装、头发必须整理整齐,无安全隐患;严禁搅拌器空转;操作中防止机械伤害。

(3) 注意用电安全,严禁湿手、湿抹布等接触电线。

(4) 废弃测定液倒入指定回收容器,严禁倒入下水道。

思考题

(1) 完井液体系有哪些类型?各有何特点?

(2) 聚合物盐水对桥堵剂有何要求?

(3) 可以用于聚合物盐水的增稠剂有哪些?它们有何特点?

(4) 完井液在配制和使用过程中有哪些注意事项?

(5) 油气层钻进时,对完井液性能有哪些要求?

项目二 完井液抑制性能评价

任务一 相对抑制率测定

一、试剂与仪器

试剂：待测完井液样品；膨润土或粉碎的泥页岩样品；去离子水或蒸馏水。

仪器：量筒，20mL；秒表或其他计时器；游标卡尺，分度值 0.001mm；天平，精度 0.01g；滤纸，直径 25mm；搅拌器，负载转速 11000r/min±300r/min，带搅拌杯；API 中压滤失仪；电热鼓风干燥箱，控温 105℃±3℃；CPZ-Ⅱ 双通道泥页岩膨胀仪（图 4-1）或同类仪器；压力机（制作标准岩心块）；标准筛，100 目。

图 4-1 CPZ-Ⅱ双通道泥页岩膨胀仪

二、测定步骤

1. 滤液收集

（1）取 400mL 待测完井液样品倒入搅拌杯，在搅拌器上 3000r/min 搅拌 2min。

（2）将搅拌好的完井液倒入 API 中压滤失仪液杯中，正确安装仪器并将压力调至 0.69MPa（100psi），接通气源，收集滤液，实验过程中可不计时，直至滤液体积超过 20mL 为止。

（3）擦洗并整理仪器。

2. 人造岩心制作

（1）用天平称取 25g 膨润土或粉碎的泥页岩样品（过 100 目筛网），在 105℃±3℃ 条件下干燥 4h 后冷却至室温。

（2）在岩心压筒底部放置一张直径 25mm 滤纸，准确称取干燥后的岩屑或膨润土样品 10g±0.01g 倒入岩心压筒内，轻轻拍打或敲击压筒使压筒内的土样端面平整。将压棒缓慢装入压筒内（边轻轻旋转边下放，防止粉末样品扬灰）与土样端面接触。

（3）将压筒放在压力机工作台上，均匀加压至 4MPa，稳压 15min。

（4）卸去压力，将压筒内人造岩心取出，用游标卡尺测量岩心原始厚度。

注意：压筒内岩心取出时，可将压筒放在一空心圆筒上，借助压力机和压棒，将岩心取出，注意取出的岩心不得损坏。如果使用测定杯制作岩心压块，也可不将岩心取出。可通过测量装入岩粉前测定杯的高度与岩心压制好后测定杯的高度之差计算岩心原始高度。

（5）可用相同的实验方法制作人造岩心若干，备用。

3. 膨胀实验

（1）接通电源，启动仪器，同时电脑端打开软件。

（2）在测定杯底盖内垫一层滤纸，旋紧测定杯底盖。

（3）将两块人造岩心分别放入两个测定杯，再在岩心上放置一张直径 25mm 滤纸，将测定杯挂在 CPZ-Ⅱ 双通道泥页岩膨胀仪的挂架上，将传感器的测定盘压在岩心上，按仪器上的 "ZERO" 调零，点击 "in/mm"（公英制转换键）将膨胀量改为 mm 单位计量。

（4）将液杯分别装入完井液滤液和蒸馏水，提起杯托使液杯内液体流入测定杯内，此时岩心遇水开始膨胀，两测定杯同时开始计时，电脑端自动记录膨胀位移。

（5）依次读取 1h、4h、8h 和 16h 两测定杯中的岩样膨胀量，记为 H_1、H_2，分别计算相对膨胀率。应平行实验两次，取平均值作为实验结果。

（6）仪器工作 16h 后，保存两岩样测量数据，拆下测定杯，整理并清洗仪器，关闭仪器电源。

三、数据计算与整理

按式(4-3)、式(4-4)分别计算岩心膨胀率 E 和相对抑制率 R_H：

$$E = \frac{H}{H_0} \times 100\% \tag{4-3}$$

$$R_H = \frac{H_1 - H_2}{H_1} \times 100\% \tag{4-4}$$

式中　E——岩心膨胀率；

　　　H——岩心膨胀量（表示岩心在去离子水或完井液滤液中的膨胀高度），mm；

　　　H_0——岩心原始高度，mm；

　　　R_H——岩心相对抑制率；

　　　H_1——在去离子水中的岩心膨胀量，mm；

　　　H_2——在完井液滤液中的岩心膨胀量，mm。

将测量和计算结果填入表 4-7、表 4-8 中。

表 4-7　岩心膨胀率实验数据记录表

完井液配方						
体系类型	完井液滤液			去离子水		
参数	H_0, mm	H_2, mm	E, %	H_0, mm	H_2, mm	E, %
第一次						
第二次						
平均值						

表4-8 岩心相对抑制率实验数据记录表

完井液配方													
膨胀时间,h	1			4			8			16			
参数	H_1,mm	H_2,mm	R_H,%	H_1,mm	H_2,mm	R_H,%	H_1,mm	H_2,mm	R_H,%	H_1,mm	H_2,mm	R_H,%
第一次													
第二次													
平均值													

四、安全提示及注意事项

（1）本实验涉及API中压滤失仪和压力机操作，应规范操作，避免机械伤害。

（2）废弃测定液倒入指定回收容器，严禁倒入下水道。

任务二 滚动回收率测定

一、试剂与仪器

试剂：完井液待测样品；蒸馏水或去离子水；现场泥页岩样品（岩屑）。

仪器：滚子加热炉，温灵敏度±1℃，最高工作温度200℃；高温老化罐；分样筛，6目、10目、40目各1个；电子天平，精确至0.01g；称量瓶；电热鼓风干燥箱，控温105℃±3℃；瓷蒸发皿；广口瓶；干燥器。

二、操作步骤

（1）取现场泥页岩样品放在干净的塑料板或钢板上，将岩样击碎，用孔径分别为3.2mm（6目）和2.0mm（10目）双层分样筛筛析。收集通过6目筛，但未通过10目筛的岩屑颗粒500g，密闭保存于广口瓶中备用，贴好标签。

（2）分别称取两份50.0g岩屑颗粒分别放入盛有350mL蒸馏水和完井液的高温老化罐中，盖紧盖子。

注意：应分别用合适扳手拧紧罐体盖子、锁紧螺钉和放气阀。

（3）将装好试样的老化罐放入80℃±3℃的滚子加热炉中，恒温滚动16h。

（4）热滚16h后，戴手套取出老化罐，放入水池中冷却至室温。

（5）先侧身（注意头部避开放气阀）拧开放气阀，卸掉老化罐内压力。然后拧开盖子，将罐内液体和岩样全部转移至40目分样筛上，在盛有自来水的槽中湿式筛洗，更换自来水继续筛洗，直到自来水清澈为止。将岩样转移到已烘干称重的瓷蒸发皿中，并轻轻倒出多余的水分，两个蒸发皿应做好标记，不能弄混。

注意：不能将分样筛直接放在水龙头下冲洗，以免冲散岩样。

（6）将装有样品并做好标记的两个瓷蒸发皿放入105℃±3℃的鼓风干燥箱中烘干至恒重，取出放入干燥器中冷却至室温，然后进行称量（精确至0.1g）。每个泥岩样品做3次平行测定，取平均值作为最终结果。

三、数据计算与记录

按式(4-5)计算热滚 16h 的过 40 目筛网的滚动回收率,并将结果填入记录表 4-9 中:

$$R = \frac{m}{m_0} \times 100\% \tag{4-5}$$

式中 R——过 40 目筛网的泥页岩滚动回收率;

m——热滚后岩样过 40 目筛网的筛余质量,g;

m_0——热滚前岩样质量,g。

表 4-9 滚动回收率测定实验数据记录表

完井液配方						
体系类型	完井液			清水		
参数计算	m_0,g	m,g	R,%	m_0,g	m,g	R,%
第一次						
第二次						
第三次						
平均值						

四、安全提示及注意事项

(1)本实验涉及高温操作,操作过程中应注意采取防护措施、规范操作,避免机械伤害和烫伤。

(2)废弃测定液倒入指定回收容器,严禁倒入下水道。

任务三 毛细管吸收时间测定

毛细管吸收时间指各种试液与页岩粉配成的浆液渗过特制滤纸一定距离所需的时间,此值称为 CST 值。它的大小与液体的性质、胶体的分散性等因素有关,可用于判定泥页岩在水中的胶态分散程度。CST 值越小抑制效果越好,其最小值表明:(1)最小的页岩水化效应;(2)最小的胶体分散;(3)最低的页岩活性。CST 值可用来分析和评价钻井液、完井液等工作流体的抑制水化分散能力,优化入井工作液配方等。

一、试剂与仪器

试剂:过氧化氢(分析纯),3%水溶液;去离子水或蒸馏水;待测完井液样品;现场泥页岩样品(岩屑)。

仪器:鼓风干燥箱,控温105℃±3℃;标准筛,6目、10目和110目;烧杯,100mL;秒表或其他计时器;天平,精确至0.01g;量筒,10mL、100mL 各 1 支;注射器,5mL;CST 值测定仪;搅拌器,负载转速11000r/min±300r/min,带搅拌杯;API 中压滤失仪;磁力搅拌器,配2cm转子。

二、测定步骤

（1）将现场泥页岩样品通风、干燥后，粉碎至 6~10 目，放入 105℃±3℃ 干燥箱中干燥 4h，取出冷却后粉碎，取通过 110 目筛网的岩屑样品装入广口瓶备用。

（2）将待测完井液倒入搅拌杯中 3000r/min 搅拌 2min 后，倒入 API 中压滤失仪液杯中，正确安装仪器并将压力调至 0.69MPa（100psi），接通气源、收集滤液，实验过程中可不计时，直至滤液体积超过 50mL 为止。

（3）将滤纸放在 CST 值测定仪测定板底面上，将上板扣在下板的固定螺钉上，将 CST 圆柱试浆容器放入仪器。

（4）取 7.5g 岩屑放入装有 50mL 滤液的 100mL 烧杯中，用磁力搅拌器搅拌 20s 后，用注射器取出 3mL 浆液并压入 CST 圆柱试浆容器中，测岩屑在滤液中水化分散 20s 的 CST 值。

（5）按步骤（3）、（4）对同一样品分别测定 60s、120s（磁力搅拌器搅拌时间分别为 60s 和 120s）的 CST 值。

（6）绘制 CST 值与剪切时间 X（20s、60s、120s）的关系曲线，用 20s、60s、120s 作为 X 值，对应的 CST 值作为 Y 值，并代入线性回归，两者为线性关系。同一实验至少应进行三次，其误差不过 3%~5%。

（7）清洗、整理实验仪器。

三、结果处理

与回归斜率 m 有关的公式为：

$$Y = mX + b \tag{4-6}$$

式中　Y——滤液在滤纸上运移 5mm 所用的时间，即 CST 值；

　　　m——泥页岩样品在溶液中的分散速率；

　　　X——剪切时间，s；

　　　b——瞬时形成的胶体颗粒数目。

在回归方程 $Y = mX + b$ 中，Y 为 CST 值，m 是直线的斜率。CST 值随剪切时间的变化而变化，可用来表征泥页岩水化分散的速度。b 是 CST 轴上的截距，由回归直线外延得到。实验数据结果分析表明：b 越大，表明瞬时破裂下来的胶体颗粒越多；m 越大，表明泥页岩水化分散的速度越快，反之亦然。

实验测量和计算结果填入表 4-10 中。

表 4-10　毛细管吸收时间测定实验数据记录表

完井液配方											
剪切时间,s		20			60			120			
参数		Y	m	b	Y	m	b	Y	m	B
滤液	第一次										
	第二次										
	第三次										
	平均值										

续表

完井液配方										
剪切时间,s		20			60			120		
参数		Y	m	b	Y	m	b	Y	m	B
蒸馏水	第一次									
	第二次									
	第三次									
	平均值									

四、安全提示及注意事项

（1）实验过程中应规范操作，避免机械伤害和烫伤。
（2）废弃测定液倒入指定回收容器，严禁倒入下水道。

思考题

（1）为什么需要评价完井液抑制性能？
（2）完井液抑制性能评价的基本原理是什么？
（3）如何提高完井液的抑制性能？
（4）阐述各抑制性能评价方法的优缺点。
（5）为真实评价完井液在储层的抑制性能，在实验中还应考虑哪些因素？

项目三 完井液储层伤害评价

完井液储层伤害评价指模拟完井液与储层静态或动态接触状态，了解完井液伤害储层的程度，从而评价完井液与储层的配伍性。静态接触（静态模拟）是指在模拟作业压差和储层温度条件下，评价完井液在岩心端面无切向剪切时，对储层岩心渗透率的伤害情况。动态接触（动态模拟）则是在模拟井眼条件（作业压差、储层温度和完井液环空流动速度梯度）下，完井液在岩心端面有切向剪切时，评价完井液对储层岩心渗透率的伤害情况，因动态模拟既有压差又有环空流速的状态，因此更能真实地反映完井液与储层接触的实际情况。

任务一 完井液伤害储层动态模拟评价实验

本实验是完井液（或其他入井工作液）对储层伤害情况的研究性评价实验，为真实模拟井下工作状态和取得可信的实验分析结果，本实验所使用的实验仪器比较精密，实验方法较为繁琐，对专业技能和理论知识要求较高。本实验可作为教学演示实验或在专业人员的指导下进行操作。由于本次实验准备工作繁杂、实验流程繁琐、实验耗时较长等原因，在实验设计中，部分前期准备工作没有列入本实训操作中，如有需要，请读者自行查阅相关企业标准学习。

本实验开始前的准备工作包括：（1）岩心洗油，可以用专用的岩心洗油仪或索氏提取器完成；（2）测出岩心的气测渗透率值 K_a；（3）用模拟地层水完全饱和岩样，再用中性煤油驱替，建立束缚水饱和度；（4）用中性煤油正向驱替测定污染前岩样的油相渗透率 K_o。

一、试剂与仪器

试剂：待测完井液；煤油；去离子水或蒸馏水。

仪器：JHDS 高温高压动失水仪或同类型其他仪器；氮气瓶及氮气；电炉，1000~1500W；耐热容器，4000~5000mL；量筒，分度值 0.1mL；温度计，150℃；秒表或计时器；游标卡尺，精确度 0.02mm；金属环，长 20~30mm，外径 25.4mm，壁厚 1~2mm。

二、操作步骤

1. 动滤失测定步骤

（1）将 4000mL 左右完井液倒入耐热容器中，置于电炉上加热搅拌，预热完井液至 50℃左右。

（2）将已测定 K_o 的岩心迅速反向（测定岩心 K_o 时的出口端对着动滤失仪的实验液腔）装入岩心夹持器的胶套内，将岩心的围压加到 2~3MPa 后（注意观察围压加到所需值后，压力能否稳定，若不稳定，说明围压渗漏，检查胶套是否破损或是岩心直径太小；若是胶套破损，增更换胶套；若是岩心直径太小或安装不当，可以在岩心外缠一层聚四氟乙烯膜后重新安装，直至围压稳定），用吸满煤油的洗耳球排除出口端的空气，并立即在滤液出口处接上已排除空气的冷却接收器。然后，关闭出口端阀门，将岩心夹持器装在主机上。

（3）用手压泵将预热后的钻井液从主机底部的放水阀处注入仪器内，要求钻井液必须充满仪器的实验液腔、管线和中间容器（标志是放空管线有钻井液流出），以便排净空气。关好放空阀与放水阀后，通过平流泵给实验液腔加 0.5~1MPa 的压力，然后，关闭中间容器上部与平流泵相连的阀门。

（4）打开仪器电源开关，接通电源，拨动"温度Ⅰ"和"温度Ⅱ"拨码开关的数值到低于实验温度5℃。加温过程中，同时在稍低于实验速度梯度（<300s^{-1}）下搅拌钻井液，以便均匀加热；当实验温度高于70℃时，必须打开冷却水循环，以防止仪器上腔温度过高，损坏仪器。

（5）压力调节：分两步进行，①先将岩心的围压加到3MPa，用平流泵将实验液腔内压力提高到 2.5MPa（或低于所需实验压力 0.5MPa），再提高围压至 4.5~5MPa（或高于实验压力 1.5~2MPa）；②再用平流泵将实验液腔内压力提高到 3.5MPa（或所需实验压力）。

（6）速度梯度调节：当温度、围压和实验腔内的压力达到所需实验值后，调节速度梯度到实验值 300s^{-1}。

（7）动滤失测定：当温度、围压、实验液腔压力和速度梯度达到实验值后，在岩心出口处放好量筒，按动"清零"按钮的同时打开滤液出口阀，开始计时、计量，并记下初始滤失体积（即瞬时滤失）。动滤失测定实验数据记录在表 4-11 中，动滤失实验时间为 125min。

（8）动滤失实验结束后，立即关闭滤液出口阀，停止加温，并开大冷却水进行冷却，同时进行慢速搅动。当温度降至50℃时，则可卸压，停止转动，放出实验液，取出岩心，测量滤饼厚度。马上清洗动失水仪，擦干备用。

表 4-11 完井液伤害储层动态模拟评价动滤失测定实验数据记录表

实验编号：

基础资料	油田区块		井号	
	岩心号		井深,m	
	岩心长度 L,cm		岩心直径 D,cm	
	K_a,$10^{-3}\mu m^2$		K_o,$10^{-3}\mu m^2$	
	含水饱和度,%		孔隙度,%	
完井液配方及主要性能	配方			
	密度,g/cm^3		FL_{API},cm^3	
	漏斗黏度,s		AV,mPa·s	
	PV,mPa·s		YP,Pa	
	pH 值			

续表

	时间,min	温度,℃	压力,MPa	速度梯度,s^{-1}	滤失体积,cm^3	备注
动滤失伤害实验记录						
	滤饼描述			动滤失速率 $F_d(F_s)$,$cm^3/(cm^2 \cdot h)$		

实验人:　　　　　计算人:　　　　　审核人:　　　　　分析时间:　　年　月　日

2.测定完井液伤害后岩心对煤油的渗透率 K_{od}

(1) 装入岩心,将带有滤饼的岩心按测定 K_o 的方向装入实验装置流程的岩心夹持器中,在岩心出口端放入金属环后,再装上岩心夹持器两端的堵头,并加以固定,加环压后,驱替煤油排除进口端空气。

(2) 用 0.5 倍 Q_c(岩心临界流量)正向驱替煤油 $20V_p$(岩心有效孔隙体积)以上,达到稳定流量和稳定压力后,用达西公式计算完井液伤害岩心后岩心对煤油的渗透率 K_{od},实验数据记录在表 4-12 中,实验中注意观察记录驱替过程中的最高返排压差。

表 4-12 完井液伤害储层动态模拟评价渗透率测定实验记录表

基础资料	油田区块				井号				
	岩心号				井深,m				
	岩心长度 L,cm				岩心直径 D,cm				
	K_a,$10^{-3}\mu m^2$				K_{od},$10^{-3}\mu m^2$				
	孔隙度,%				含水饱和度,%				
	孔隙体积,cm^3								
	完井液配方								

	完井液损害前				完井液损害后				备注
	时间		温度 ℃	流量 cm^3/min	压力 MPa	时间		温度 ℃	流量 cm^3/min	压力 MPa	
	时	分				时	分				
渗漏率实验记录										
	伤害前平衡压力 p_o,MPa					伤害后最大返排压力 p_{max},MPa				

实验人:　　　　　计算人:　　　　　审核人:　　　　　分析时间:　　年　月　日到　　年　月　日

三、实验结果计算与整理

按式(4-7)、式(4-8) 和式(4-9) 计算完井液伤害后岩心对煤油的渗透率 K_{od}、动滤失速率 F_d 和动态渗透率恢复值 R_d。

(1) 完井液伤害后岩心对煤油的渗透率 K_{od}：

$$K_{od} = \frac{Q \cdot \mu \cdot L}{A(p_1 - p_2)} \times 10^2 \tag{4-7}$$

(2) 动滤失速率 F_d：

$$F_d = \frac{60 \cdot \Delta V}{A \cdot \Delta t} \tag{4-8}$$

(3) 动态渗透率恢复值 R_d：

$$R_d = \frac{K_{od}}{K_o} \times 100\% \tag{4-9}$$

式中　Q——流体在单位时间内通过岩样的体积，cm^3/s；

　　　μ——测定条件下流体的黏度，$mPa \cdot s$；

　　　L——岩样长度，cm；

　　　A——岩心横截面积，cm^2；

　　　p_1——岩心进口压力，MPa；

　　　p_2——岩心出口压力，MPa；

　　　ΔV——岩心进出口横截面积之差，cm^2；

　　　Δt——时间，min。

四、安全提示及注意事项

(1) 实验过程中应规范操作，避免机械伤害和烫伤。

(2) 废弃测定液倒入指定回收容器，严禁倒入下水道。

任务二　无固相完井液伤害储层静态模拟评价实验

一、试剂与仪器

试剂：待测完井液；煤油。

仪器：多功能岩心驱替仪器（图4-2）；氮气瓶及氮气；量筒，分度值0.1mL；秒表或计时器；游标卡尺，精确度0.02mm；金属环，长20~30mm，外径25.4mm，壁厚1~2mm。

二、实验参数

实验时间：120min。

反向注完井液流量：0.4倍 Q_c。

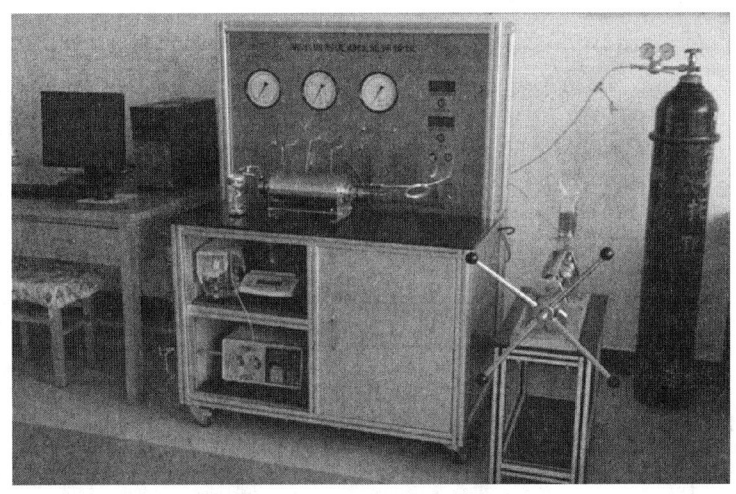

图 4-2　多功能岩心驱替仪器

实验温度：室温或储层温度，本实验采用室温为实验温度。

三、室温评价操作程序

1. 静滤失实验操作步骤

（1）安装岩心，将已测定过的 K_o 的岩心迅速装入岩心夹持器的胶皮套内，装好夹持器两端堵头，拧上堵头固定器，压紧岩心。

（2）加环压和排空，加环压到 1.5~2MPa，将岩心夹持器出口端用煤油排除其中的空气后，关闭阀门。连接装有完井液的中间容器到岩心夹持器另一堵头端，打开该堵头的放空阀，用平流泵驱替完井液，把中间容器中的完井液压入岩心夹持器中。当放空阀的出口有完井液流出时，关闭放空阀和平流泵。

（3）打开出口阀门，开始用平流泵在 0.4 倍 Q_c 下驱替完井液，驱够 $2V_p$（岩心有效孔隙体积）后，停止驱替，浸泡 120min。实验数据记录在表 4-13 中。

表 4-13　无固相完井液伤害储层静态模拟评价静滤失测定实验数据记录表

实验编号：

基础资料	油田区块		井号	
	岩心号		井深,m	
	岩心长度 L,cm		岩心直径 D,cm	
	K_a,$10^{-3}\mu m^2$		K_o,$10^{-3}\mu m^2$	
	含水饱和度,%		孔隙度,%	
完井液配方及主要性能	配方			
	密度,g/cm³		FL_{API},cm³	
	漏斗黏度,s		AV,mPa·s	
	PV,mPa·s		YP,Pa	
	pH 值			

续表

	时间,min	温度,℃	压力,MPa	速度梯度,s^{-1}	滤失体积,cm^3	备注
动滤失伤害实验记录						
	滤饼描述			$F_d(F_s)$,$cm^3/(cm^2 \cdot h)$		

实验人：　　　　计算人：　　　　审核人：　　　　分析时间：　　年　月　日

2. 测定完井液伤害后岩心对煤油的渗透率 K_{os}

（1）重新安装岩心，卸下完井液用的中间容器，将夹持器特殊堵头端放空后，卸掉环压，取下特殊堵头，倒出金属环中的完井液，取出金属环冲洗干净。重新装上金属环和特殊堵头，固定堵头。加环压到 2~3MPa，并排除正向进口端的空气。

（2）用 0.5 倍 Q_c（岩心临界流量）正向驱替煤油 $20V_p$（岩心有效孔隙体积）以上，达到稳定流量和稳定压力后，用达西公式计算完井液伤害后岩心对煤油的渗透率 K_{os}，实验数据记录在表 4-14 中，实验中注意观察记录驱替过程中的最高返排压差。

表 4-14　无固相完井液伤害储层静态模拟评价渗透率测定实验记录表

基础资料	油田区块					井号				
	岩心号					井深,m				
	岩心长度 L,cm					岩心直径 D,cm				
	K_a,$10^{-3}\mu m^2$					K_{od},$10^{-3}\mu m^2$				
	孔隙度,%					含水饱和度,%				
	孔隙体积,cm^3									
	完井液配方									
渗透率实验记录		完井液伤害前				完井液伤害后				备注
		时间		温度 ℃	流量 cm^3/min	压力 MPa	时间		温度 ℃	流量 cm^3/min	压力 MPa	
		h	min				h	min			
	伤害前平衡压力 p_0,MPa					伤害后最大返排压力 p_{max},MPa				

实验人：　　　　计算人：　　　　审核人：　　　　分析时间：　　年　月　日到　　年　月　日

四、实验结果计算与整理

按式(4-10)、式(4-11) 和式(4-12) 计算完井液伤害后岩心对煤油的渗透率 K_{os}、动滤失速率 F_s 和动态渗透率恢复值 R_s。

(1) 完井液伤害后岩心对煤油的渗透率 K_{os}：

$$K_{os} = \frac{Q \cdot \mu \cdot L}{A(p_1 - p_2)} \times 10^2 \tag{4-10}$$

(2) 静滤失速率 F_s：

$$F_s = \frac{60 \cdot \Delta V}{A \cdot \Delta t} \tag{4-11}$$

(3) 静态渗透率恢复值 R_s：

$$R_s = \frac{K_{os}}{K_o} \times 100\% \tag{4-12}$$

五、安全提示及注意事项

(1) 实验过程中应规范操作，避免机械伤害和烫伤。
(2) 废弃测定液倒入指定回收容器，严禁倒入下水道。

思考题

(1) 岩心洗油的作用是什么？可以使用哪些溶剂进行岩心洗油？
(2) 什么是束缚水饱和度？什么是油相渗透率？
(3) 为什么要对完井液进行储层伤害评价实验？
(4) 分析静态模拟实验与动态模拟实验的区别。
(5) 通过实验数据，分析完井液配方与储层伤害程度之间的关系。

项目四 完井液配方设计与优化

由于钻井液滤液、完井液滤液与水泥浆多或少地存在与地层的不配伍性,进而在地层孔喉处产生大量的无机和有机沉淀物对储层造成伤害,因此必须对完井液进行优化。钻井施工中,要求完井液能够消除和防止钻井液与水泥浆滤液作用而产生的沉淀,同时完井液本身要对储层具有良好的保护性,不会对储层造成新的伤害。

一、目标区块概况

本实训设计以冀东油田南堡区块东营组(2500~3500m)为目标地层,从储层矿物组分分析可知,储层含有蒙脱石、伊蒙混层和高岭石等黏土矿物。由储层敏感性评价实验结果可知,东营组储层存在较强的水敏性。冀东油田东营组原油主要为常规中质油,原油黏度在 1.68~10.41mPa·s 范围内。

二、完井液设计思路及流程

(1)由目标区块储层分析实验结果可知,东营组储层存在较强的水敏,因此完井液体系需引入黏土稳定剂(抑制剂),并对完井液的抑制性进行评价。

(2)由于完井液对钻井工具具有一定的腐蚀性,因此室内必须对完井液的腐蚀性能进行评价,并根据评价结果选择缓蚀剂种类与加量。

(3)完井液选择和优化的核心是最大限度保护储层,因此需评价完井液对储层渗透率伤害程度。

完井液配方及性能设计流程如图 4-3 所示。

三、试剂与仪器

试剂:NaCl(分析纯、化学纯或工业级均可);KCl(分析纯、化学纯或工业级均可);$CaCl_2$(分析纯、化学纯或工业级均可);黄原胶(XC);羟乙基纤维素(HEC);金属层状氢氧化物(MMH);聚阴离子纤维素(PAC);羧甲基纤维素(CMC);NaOH(分析纯);消泡剂;纯度93%以上的食盐粉;清水(自来水或蒸馏水均可);CA101-3或其他缓蚀剂;无水乙醇或丙酮;煤油;标准岩心;岩屑样品(颗粒粒径大于6目)。

仪器:天平,精度 0.01g 和 0.1mg;量筒,500mL;搅拌器,负载转速 11000r/min±300r/min,或其他搅拌器;钻井液密度计;六速旋转黏度计;pH 试纸或 pH 计;标准钢片;砂纸;滚子加热炉,配老化罐;标准筛,6目、10目、40目;电热鼓风干燥箱,控温 105℃±3℃;瓷蒸发皿;干燥器;游标卡尺,精确至 0.02mm;驱替装置;秒表或计时器;API 中压滤失仪,配滤纸和气源等配套设备;其他常规实验材料。

四、实验内容与要求

(1)常规性能参数:密度,$\rho = 1.15~1.25 g/cm^3$;流变性,$PV = 15~18 mPa·s$,$YP = $

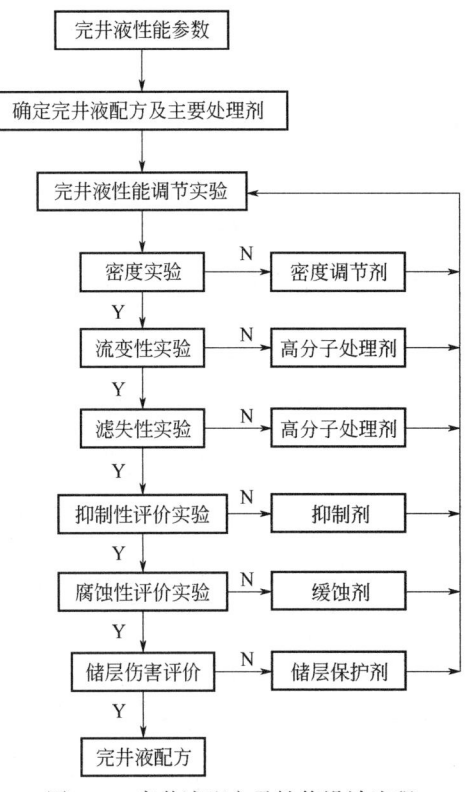

图 4-3 完井液配方及性能设计流程

6~15Pa，$G_{10''}/G_{10'}=2\sim3\text{Pa}/3\sim5\text{Pa}$；滤失量，$FL_{API}<10\text{mL}$；滤饼厚度，$h\leqslant1.0\text{mm}$；pH = 9.0~9.5。

（2）抑制性要求：在储层温度（80℃）下热滚 16h 后，清水岩样回收率≤50%，完井液热滚回收率 $R\geqslant85\%$。

（3）腐蚀速率要求：标准钢片腐蚀速率 $C_v<0.100\text{g/m}^2\cdot\text{h}$。

腐蚀性评价可按如下步骤进行：①将机械加工好的钢片用砂纸打磨后，用游标卡尺测量试件的长、宽、厚及小孔的直径，然后用丙酮浸泡 5min 进行脱脂去污，再用无水乙醇浸泡 5min 脱水，取出钢片干燥后称量备用，精确至 0.1mg；②将钢片固定浸没在装有 500mL 完井液的广口瓶中，在实验温度（80℃恒温箱中）下放置 72h；③取出钢片用清水清洗，用滤纸吸干水分，放入无水乙醇中浸泡 5min；④取出钢片立即用滤纸轻轻擦拭，在干燥器中干燥 15min 后称量试件质量，精确至 0.1mg。按式（4-3）计算腐蚀速率：

$$C_v=\frac{m_0-m}{St} \quad (4-13)$$

式中　C_v——腐蚀速率，$\text{g}/(\text{m}^2\cdot\text{h})$；

　　　m_0——钢片腐蚀前的质量，g；

　　　m——钢片腐蚀后的质量，g；

　　　S——钢片表面积，m^2；

　　　t——钢片腐蚀时间，h。

（4）储层污染要求：完井液伤害储层后动态渗透率恢复值 R_s>80%。

五、实验记录与数据处理

完井液配方设计与优化数据按表 4-15 填写。

表 4-15　完井液配方设计与优化数据记录表

完井液配方设计与优化								
设计完井液体系								
所选处理剂								
设计思路								
设计过程与评价结果								
最终配方								
完井液最终性能								
ρ g/cm³	流变参数			滤失性		pH 值	热滚回收率 R %	C_v g/m²·h	渗漏率恢复值 R_s %
	PV mPa·s	YP Pa	$G_{10''}/G_{10'}$ Pa	FL_{API} mL	h mm				

六、安全提示及注意事项

（1）本实验涉及高温、高压操作，注意防止烫伤和机械伤害。

（2）严格按实验步骤操作，严禁违章操作。

（3）测定废物（液）倒入指定回收桶。

思考题

（1）分析实验中所选择材料的作用及机理。

（2）如何进行完井液体系的设计？需要考虑哪些因素？

（3）如何选择完井液的处理剂类型及加量？

（4）本实验过程中遇到了哪些问题？你（们）又是如何解决的？

（5）为了尽可能与室内性能保持一致，完井液体系在现场使用过程中应该注意哪些事项？

情境五
水泥浆配制与检测

在钻井过程中,钻遇不同压力层系或复杂地层时,为保证钻井顺利进行,需要进行固井作业。因此,固井是钻完井作业过程中不可缺少的一个重要环节。水泥浆是固井中使用的工作液。水泥浆由油井水泥、配浆水、外加剂或外掺料以一定比例配制而成,由泵车通过套管泵入井内,在井壁与套管的环空上返至一定高度后硬化成具有一定强度和渗透率的水泥石将井壁与套管固结起来,如图5-1所示。

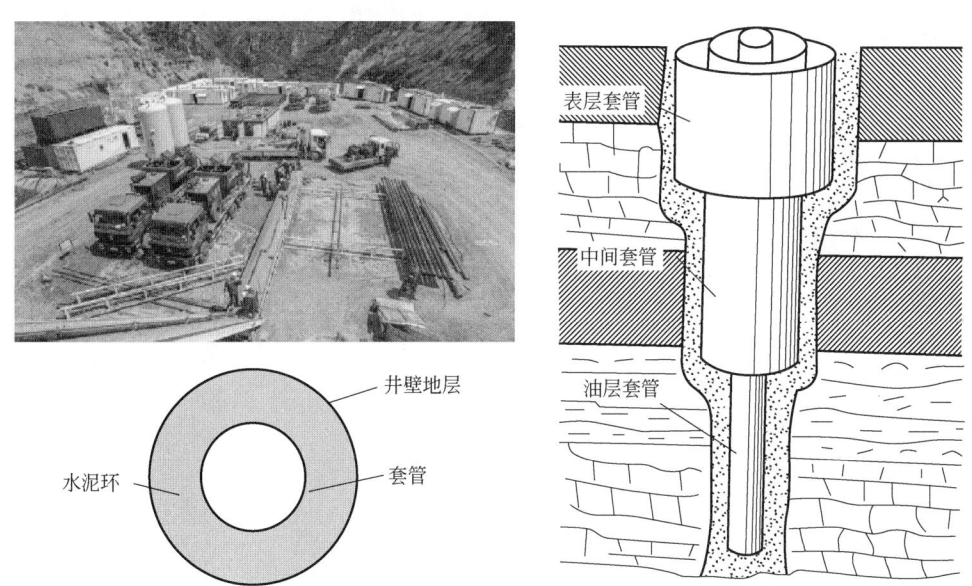

图5-1 水泥浆现场泵送及井内固结示意图

水泥浆及水泥石的性能与固井质量有着直接关系,它是固井设计的主要依据,也是决定固井作业成败和固井质量优劣的关键指标。为了保证固井作业顺利、安全进行,必须对水泥浆的性能进行测定,以满足实际固井注水泥需要。为保证注水泥过程中水泥浆各项性能符合施工设计要求,需要测量的水泥浆参数有水泥浆密度、流变性、滤失量、稠化时间、凝固时间、自由水、游离液、抗压强度等性能。

结合固井注水泥施工工序中水泥浆配制、性能测定等相关工作内容,设计以下五个实训项目:

(1) 水泥浆外加剂或外掺料认知。

(2) 水泥浆配制及密度、流动度、游离液测定。

(3) 水泥浆流变性及失水性测定。

(4) 水泥浆凝结时间、稠化时间和抗压强度测定。

(5) 水泥浆配方设计与优化。

通过实训课程的集中训练,使读者达到以下实训目的:

(1) 能够熟练认知油井水泥浆常用外加剂及其作用。

(2) 具备独立完成不同类型水泥浆的配制与性能测定的能力。

(3) 能够根据地层特点或固井施工要求完成水泥浆配方设计与优化。

(4) 培养仪器的规范操作能力及实验数据计算与分析处理的能力,增强团队协作、环境保护意识。

项目一 水泥浆外加剂或外掺料认知

随着石油工业的发展，油气勘探和开发规模日益扩大，钻井技术逐渐提高，深井、超深井和特殊井频频问世，对油井固井技术提出更高的要求。特别是在地质构造复杂、井下条件恶劣的情况下的注水泥作业，采用纯水泥与水混合而成的水泥浆已经远远不能满足工艺技术的要求，必须依靠外加剂来调节其使用性能。例如：填充剂可以增加产浆量，节约水泥，降低成本；促凝剂或缓凝剂可以调节稠化时间，既能保证施工安全，又能在规定的时间内达到继续作业的强度要求；降滤失剂可以减少渗透性地层对水泥浆的滤失作用，保护油气层，提高采收率；分散剂可以改善水泥浆流变性能，增加顶替效率，提高固井质量，延长油井寿命。因此，外加剂的研究和应用在国内外都得到迅速发展。

在油气井固井施工中用来调节水泥浆性能的材料称为水泥浆外加剂或外掺料。一般认为，主要用来调节水泥浆性能的材料称为外加剂（一般加量在10%以内）；主要用来节约水泥或调整水泥浆密度而混入的材料称为外掺料（一般加量大于10%）。适合使用外加剂或外掺料的水泥一般是 G 级和 H 级水泥，这两种水泥属于基本油井水泥。

外加剂或外掺料可以在不改变水泥基本成分的情况下，改变水泥浆性能。它与水泥的关系是相辅相成的。一般地说，水泥浆外加剂或外掺料可分为以下几类：

(1) 调节水泥浆稠化时间的外加剂：促凝剂、缓凝剂。
(2) 改变水泥浆失水性能的外加剂：降失水剂。
(3) 改善水泥浆流变性能的外加剂：分散剂、消泡剂。
(4) 水泥浆密度调节剂：加重剂、减轻剂。
(5) 降低循环漏失的外加剂：堵漏剂。
(6) 提高水泥石热稳定性的外加剂：石英砂。

一、外加剂或外掺料样品

实验室需要试剂有：油井水泥（如 G 级水泥等）；加重剂（如重晶石等）；减轻剂（如粉煤灰、膨润土等）；促凝早强剂（如氯化钙、草酸和三乙醇胺等）；缓凝剂（如木质素磺酸盐、CMC 等）；降滤失剂（如单宁、褐煤、CMC 等）；分散剂，也称减阻剂（如木质素磺酸盐、磺化醛酮缩合物等）；高温强度稳定剂（如石英砂）。

二、典型外加剂或外掺料认知

1. 促凝剂

在浅井或表层套管注水泥施工中，水泥浆泵送容易、注水泥作业时间短，但因为水泥浆稠化时间长、强度发展慢，导致注水泥完成后候凝时间长，严重影响钻井速度和固井质量。此时需加入促凝剂或早强剂，缩短水泥浆稠化时间，使水泥浆既能满足固井作业的要求，又能使强度尽快地达到继续钻进的要求。

促凝剂是指能显著缩短水泥浆稠化时间,加速水泥熟料矿物的凝结与硬化,提高水泥石早期抗压强度的外加剂。促凝剂主要适用于漏失井固井、气井固井、浅井固井、钻井工程堵漏等要求水泥浆快速凝固的工程施工。

促凝剂包括氯化物促凝剂和无氯促凝剂。由于氯离子对井下钢材有腐蚀,氯化物促凝剂的使用有一定的限制。

常见促凝剂按阳离子或阴离子促凝强弱排列出下列顺序:

$$Ca^{2+}>Mg^{2+}>Li^+>Na^{2+}>H_2O$$

$$OH^->Cl^->NO_3^->SO_4^{2-}>H_2O$$

1)氯化物促凝剂

氯化物(氯盐)促凝剂主要包括氯化钙、氯化钠、氯化钾和海水等。

氯盐促进水泥浆硬化和早强的机理,主要有以下两个方面:一是增加水泥颗粒的分散度,从而加速水泥水化和硬化的速度;二是与水泥熟料矿物产生化合作用,与C_3A(铝酸三钙)化合生成水化氯铝酸钙,从而使胶体膨胀,水泥石孔隙减少,密实性增大,从而提高水泥石的强度。

无水氯化钙加量在1.6%、含水氯化钙加量在2.0%时可以取得最佳的促凝效果。氯化钠浓度在10%以下时为促凝剂;在10%~18%既不促凝,也不缓凝,其稠化时间与纯水泥浆相似;当氯化钠浓度提高到18%以上时表现出缓凝作用。氯化钾加量在0.3%~1.0%时具有良好的促凝效果。此外,为取得更好的促凝效果,将氯化钙与氯化钠(加量均为2%)复配或氯化钙与氯化钾复配使用均可取得更好的促凝效果。

2)无氯促凝剂

无氯促凝剂主要包括碳酸钠、硅酸钠和石膏等无机物,以及低相对分子质量的有机物,如甲酰胺,三乙醇胺等。

硫酸盐类促凝早强剂对水泥有促硬、早强作用主要是因为它能与水泥熟料矿物水解析出的氢氧化钙发生置换反应,从而能加速与水泥熟料中的C_3A反应生成更多的硫铝酸钙,提高水泥水化液相中的固相比例,加快水泥凝结硬化的速度和提高早期强度。

有机早强剂如三乙醇胺,它能起到促凝早强作用是由于三乙醇胺能促进水泥石形成更多的钙矾石,能有效地吸附在水泥熟料矿物表面,加快C_3A与石膏之间的反应,但三乙醇胺可能减缓C_3S(硅酸三钙)的水化速度。通常,它与其他促凝早强剂复合使用,可发挥更好的早强作用。

常用促凝剂型号及使用条件见表5-1。

表5-1 常用促凝剂型号及使用条件

产品代号	适用温度,℃	加量范围,%	作用机理	主要成分及物理特征	生产厂家
G201	30~60	0.3~2.0	通过促进水泥C_3S的水化速度,改变水泥浆液相pH值,达到促凝和提高水泥石早期强度的目的	由碱性无机盐组成,外观为白色颗粒或粉末,干混或湿混均可	河南卫辉
G202	30~90	0.8~1.5	通过改变水泥水化时的离子浓度,加速水泥组分的溶解,加速C_3A的反应和钙矾石的生成,从而使水泥石的结构致密,达到促凝和早强	由无机早强材料改性而成,外观为白色或略带灰色粉末,无毒、无臭	河南卫辉

续表

产品代号	适用温度,℃	加量范围,%	作用机理	主要成分及物理特征	生产厂家
SWC-1	30~120	0.5~2.0	通过促进水泥 C_3S 的水化速度，缩短水泥浆的稠化时间，提高水泥石低温下的早期强度和后期强度	由多种化学材料组成，外观为灰白色固体粉末，无气味	山东沃尔德
DZC	30~120	0.5~2.0	通过促进水泥 C_3S 的水化速度，缩短水泥浆的稠化时间	由多种化学材料组成，外观为亮白色固体	中国石化工程院

2. 缓凝剂

缓凝剂是指通过物理化学作用，能显著延缓水泥浆稠化时间，防止油井水泥凝结过快的外加剂。有些缓凝剂同时还具有减阻和降失水的作用。

缓凝剂的作用是延长水泥浆稠化时间，保持水泥浆在注入和顶替期间保持良好的可流动性。

最好的缓凝剂应该是在任何温度区间都具有缓凝作用，而且稠化时间的长短还与其加量的多少成正比，并与各种油井水泥有很好的适应性，也与不同类型的其他外加剂有良好的相容性。缓凝剂分为无机缓凝剂和有机缓凝剂两类。

1）无机缓凝剂

固井中常用的无机缓凝剂为氧化锌及锌盐（$ZnSO_4$），一般加量为0.2%~0.6%。氧化锌与木质素磺酸钙、铁铬盐、磺甲基丹宁等缓凝剂复合使用，可以用于4000m以上的中深井固井；氧化锌与酒石酸等缓凝剂复合使用，可以用于6000m以上的深井固井。该类缓凝剂高温稳定、析水量少、价格便宜，虽然使水泥浆流动度稍有下降，但仍能满足固井施工对流动度的要求。

氧化锌有缓凝作用是由于氢氧化锌可沉淀在水泥颗粒表面上，加上氢氧化锌的溶解度很低，且以胶凝形式沉淀，形成低渗透率的沉淀层。当胶凝状氢氧化锌最后变成碱式锌酸钙晶体时，缓凝作用终止。

此外，硼酸及其钠盐（硼砂）对水泥浆也有很好的缓凝作用，特别是硼酸。但是它的加量与稠化时间不成直线关系，而呈折线或指数关系，灵敏度很高，若不精确到0.05%，就可能引起早凝或过缓凝。

2）有机缓凝剂

有机缓凝剂种类繁多，主要包括木质素磺酸盐类、单宁酸类、羟基羧酸及其盐类（酒石酸、柠檬酸等）、糖类化合物（葡萄糖酸钠）、纤维素类（CMC等）等。本实训认知以木质素磺酸盐和纤维素类缓凝剂为例进行说明。

木质素磺酸盐（简称木盐）对所有波特兰水泥都有较好的缓凝效果，一般加量范围在0.1%~1.5%（按水泥重量计算），有效使用温度可达122℃（井底循环温度），与其他缓凝剂复配后的有效使用温度可扩展到315℃。

纤维素衍生物是由木材或其他植物材料衍生的多聚糖化合物，在水泥碱性条件下具有一定的稳定性。它的活性物质是环氧乙烷链和羧酸官能团，其缓凝作用是由活性物质在水泥水化产物表面上产生吸附造成的。

最常用的纤维素类缓凝剂是羧甲基羟乙基纤维素（CMHEC）和羧甲基纤维素（CMC），通常加量为 0.2%~0.8%，适用于 135℃ 以下的固井作业。更高的温度下纤维素类缓凝剂将会分解造成缓凝减弱或失效。这类缓凝剂不仅缓凝效果明显，还有降滤失作用，但是添加后会提高水泥浆的黏度，使水泥浆流动度显著下降。因此，CMC、CMHEC 作为油井水泥缓凝剂常与分散剂复合使用，以便使水泥浆具备优良的施工性能。

以羧甲基纤维素钠（Na-CMC）为例，其不同加量在各温度下的稠化时间和抗压强度见表 5-2。

表 5-2 不同 Na-CMC 加量在各温度下的稠化时间和抗压强度

水泥类型	Na-CMC 加量,%	稠化时间,min				抗压强度,MPa			
		60℃	82℃	93℃	104℃	60℃		93℃	
						24h	72h	24h	72h
Ⅰ型	0	226	107	89	71	18.7	33.5	29.4	1.9
	0.16	213	178	337	639	16.7	36.0	23.8	43
Ⅱ型	0	129	72	42	32	28.2	40.0	21.1	22.9
	0.24	173	216	321	418	21.4	39.5	27.1	33.8

油田常用缓凝剂及使用条件见表 5-3。

表 5-3 常用缓凝剂型号及使用条件

产品代号	适用温度 ℃	加量范围 %	作用机理	主要成分及物理特征	生产厂家
GH-Ⅱ	110~170	0.7~2.0	通过吸附在水泥水化物表面抑制其与水的接触，且通过螯合钙离子，从而防止晶核的过早形成，达到缓凝的目的	由磺酸盐、有机盐类等复合而成，外观为浅黄色粉末或棕色粉末，一般适于干混	河南卫辉
GH-Ⅰ	<110	0.1~1.0	通过吸附在水泥水化物表面抑制其与水的接触，以及吸附在水化物的晶核上阻止晶核的进一步增大，达到延缓水泥浆水化的目的	由纤维素衍生物、羟基羧酸等多种化合物组成，外观为浅黄色粉末，一般适于干混	河南卫辉
GH-7	110~140	0.5~2.0	通过吸附在水泥水化物表面抑制其与水的接触，以及吸附在水化物的晶核上阻止晶核的进一步增大，达到延缓水泥浆水化的目的	由葡萄糖酸盐、羟基羧酸等多种化合物组成，外观为棕色液体，适于湿混	河南卫辉
GH-9	60~180	0.3~2.5	在水泥颗粒表面与钙离子形成溶剂化膜，优先吸附于铝酸三钙，减缓了水化作用，表现出很强的缓凝作用，而对硅酸三钙则表现出较弱的吸附性能，从而也保证了后期水泥强度的发育	由磺酸盐、有机酸等聚合而成	河南卫辉

续表

产品代号	适用温度 ℃	加量范围 %	作用机理	主要成分及物理特征	生产厂家
SWH-2	100~150	0.2~1.5	通过吸附在水泥水化物表面抑制其与水的接触，且通过螯合钙离子，从而防止晶核的过早形成，达到缓凝的目的	白色无气味颗粒状固体粉末，既可干混也可湿混	山东沃尔德
SWH-3	90~1500	0.2~2.0	通过吸附在水泥水化物表面抑制与水的接触，且通过螯合钙离子，从而防止了晶核的过早形成，达到缓凝的目的	灰褐色液体	山东沃尔德
DZH2	70~140	0.1~2.0	对水泥中的钙、铝离子等具有很强的螯合作用，通过螯合，减少水泥浆液相中的离子浓度，从而减缓水泥浆水化过程	浅粉色液体	中国石化工程院
DZH3	70~180	0.5~4.0	对水泥中的钙、铝离子等具有很强的螯合作用，通过螯合，减少水泥浆液相中的离子浓度，从而减缓水泥浆水化过程	棕褐色液体	中国石化工程院

3. 降失水剂

固井时水泥浆在压力下流经高渗透地层时，水泥浆液相漏入地层的现象称为失水或滤失。在固井过程中，能够降低水泥浆失水量的外加剂通称为降失水剂（或降滤失剂）。水泥浆发生滤失会造成流动性变差，严重者可使施工失败；此外，滤液进入储层也会对储层形成不同程度的伤害。钻井液的 API 滤失量通常超过 1500mL/min，但在固井作业中水泥浆滤失量一般要求不超过 250mL/min，有时要求滤失量不超过 50mL/min（固尾管），因此，在水泥浆设计中必须使用降失水剂。

油井水泥用降失水剂主要通过减小滤饼渗透率或提高水相黏度等手段来达到降低失水的目的。油井水泥用降失水剂主要包括特制的超细研磨材料和水溶性聚合物。

（1）特制的超细研磨材料。特制的超细研磨材料主要有膨润土、石灰石粉、沥青质、热塑性树脂、胶乳等颗粒材料。这些颗粒尺寸极小，可以进入水泥滤饼之间，从而降低滤饼的渗透性能，降低水泥浆失水。超细颗粒利用级配关系堵塞部分水泥大颗粒之间的空隙，形成致密的水泥浆滤饼来控制水泥浆中的液体向地层流失，从而达到降失水的目的。但单独使用颗粒材料时降失水能力十分有限，因此，在实际使用过程中，它一般作为辅助降失水材料分散于其他水溶性高分子溶液中，或与其他材料复配作为水泥浆降失水剂。

（2）水溶性聚合物。常用的水溶性聚合物包括天然高分子聚合物（纤维素、木质素、淀粉、褐煤、单宁等）和合成或改性有机分子聚合物［羧甲基纤维素（CMC）、羟乙基纤维素（HEC）、羟甲基羟乙基纤维素（CMHEC）、木质素衍生物、聚乙烯醇（PVA）等］。这些高分子聚合物的降失水机理主要包括两个方面：一是通过吸附和聚集作用吸附在水泥颗粒表面，形成"水泥颗粒—线性高分子或有机物—水分子吸附层"结构，阻塞水泥内部空隙，水泥浆在一定压差下，在井壁形成薄的非渗透性韧性膜，阻止自由水的滤失；二是提高液相黏度，高分子聚合物通过增大液相黏度来增大游离液向地层滤失的阻力，从而降低了水泥浆向渗透性地层失水。

油田常用降失水剂及使用条件见表 5-4。

表 5-4　油田常用降失水剂型号及使用条件

产品代号	适用温度℃	加量范围%	作用机理	主要成分及物理特征	生产厂家
G301	40~120	0.8~2.0	通过提高水泥浆水相黏度和形成聚合物聚集链束堵塞水泥固相滤饼的孔隙，达到减小滤饼渗透率、降低失水的目的	由多种纤维素衍生物及其他相关助剂组成，外观为棕色粉末，可使 API 失水量小于 250mL。干混或湿混均可	河南卫辉
G302	30~90	1.2~2.0	通过形成致密的聚合物薄膜及提高水相黏度来达到降低失水的目的	由水溶性高分子及其他相关辅助剂组成，外观为灰色或浅灰色粉末，API 失水量小于 150mL，适合干混	河南卫辉
G315	40~120	5~7	通过形成致密的聚合物薄膜及提高水相黏度来达到降低失水的目的	由多种水溶性聚合物和其他助剂复合而成，外观为无色透明黏稠液体	河南卫辉
G310	30~150	3~6	水溶性高分子链束聚集降低水泥浆滤饼渗透率；在聚合物中引入多功能团增强抗高温抗盐性能	由低分子酰胺、多羟基羧酸聚合改性而成，为黏稠液体	河南卫辉
SWJ-1	70~120	0.4~2.0	在水泥浆中能够有效地吸附于水泥颗粒表面，改变水泥颗粒表面的物理化学性能，形成一种以水泥颗粒为节点的网状聚集体，在颗粒表面迅速覆盖孔道形成致密的滤饼，从而有效降低水泥浆失水	由高分子聚合物掺以特定的辅助材料组成，外观为棕褐色粉末，适于干混	山东沃尔德
SWJ-2	90~110	0.4~2.5	在水泥浆中能够有效吸附于水泥颗粒表面改变水泥颗粒表面的物理化学性能，高分子之间形成贯穿整个体系的交联网络，在水泥浆与地层间存在一定压差时，水泥颗粒表面交联网络于界面处形成致密的薄膜，从而有效降低水泥浆失水	由聚烯类的高分子聚合物并掺以特定的辅助材料组成，外观为白色或微红色固体粉末，适于干混	山东沃尔德
SWJ-3	90~150	3.0~5.0	通过吸附和聚集双重作用，在水泥浆中形成弱交联的胶体，可稳定的嵌入滤饼，减小孔隙尺寸，通过提高水相黏度和降低滤饼渗透率来降低水泥浆失水	是一种水溶性聚合物，外观为无色透明黏稠状液体，具有抗盐作用，适于湿混	山东沃尔德
DZJ-Y	60~160	4.0~6.0	通过提高水泥浆水相黏度和形成聚合物聚集链束堵塞水泥固相滤饼的孔隙，达到减小滤饼渗透率、降低失水的目的；具有一定的缓凝效果，延长水泥浆稠化时间，提高水泥石早期强度；优异的抗盐性能，在饱和盐水条件下，使水泥浆的 API 失水量控制在 100mL 以内	主要成分丙烯酸、丙烯酰胺等的三元共聚物，外观为无色黏性液体，适于湿混	中国石化工程院

续表

产品代号	适用温度 ℃	加量范围 %	作用机理	主要成分及物理特征	生产厂家
FSAM	30~90	3~8	通过形成致密的聚合物薄膜及提高水相黏度来达到降低失水的目的	主要成分聚乙烯醇,外观为无色黏性液体,适于湿混	中国石化工程院
FSAM-H	30~145	3~8	通过形成致密的聚合物薄膜及提高水相黏度来达到降低失水的目的	主要成分聚乙烯醇,外观为无色黏性液体,适于湿混	中国石化工程院
SCF	30~180	2~6	通过提高水泥浆水相黏度和形成聚合物聚集链束堵塞水泥固相滤饼的孔隙,达到减小滤饼渗透率、降低失水的目的	主要成分为丙烯酸、丙烯铣胺等的五元共聚物,外观为无色黏性液体,适于湿混	中国石化工程院

4. 分散剂

分散剂(也称减阻剂)主要用于改善水泥浆的流动性,降低水泥浆体系的黏度。它主要通过调节水泥颗粒表面电荷来降低水泥浆的塑性黏度和屈服值,使水泥浆获得最佳流变参数。它可以提高水泥浆的可泵性,降低一定流速下的泵压,使注水泥施工顺利;此外还可使稠化时间曲线趋于直角,提高水泥石强度和抗渗透能力。

油井水泥用分散剂主要通过分散和释放游离水、润湿作用和微气泡润滑作用提高水泥浆的流变性。油井水泥用分散剂主要有磺酸盐类(木质素磺酸盐、密胺磺酸盐、聚苯乙烯磺酸盐等)、醛酮缩聚物、相对分子质量较低的羟基聚多糖(水解淀粉)和低分子化合物(羟基羧酸)四种类型。

(1)磺酸盐类分散剂。木质素磺酸盐具有缓凝和分散双重作用,其加量应根据稠化时间和流变性综合要求来确定,一般0.2%~1.0%较为适宜。

聚萘磺酸盐是β-萘磺酸盐与甲醛的缩合产物,缩写为PNS或NSFC。市场上出售的产品有棕黄色粉末和40%水溶液两种。用淡水配浆时,正常加量为0.5%~1.5%;对于高含盐水泥浆体系,则需增大加量,有时可高达4%。

(2)醛酮缩聚物分散剂。甲醛和丙酮缩聚物使用温度可达150℃,是目前国内最好的高温水泥浆分散剂,该类分散剂为阴离子表面活性剂。

油田常用分散剂及使用条件见表5-5。

表5-5 油田常用分散剂型号与使用条件

产品代号	适用温度 ℃	加量范围 %	作用机理	主要成分及物理特征	生产厂家
USZ	30~150	0.3~0.8	通过调节水泥颗粒表面电荷以获得合适的水泥浆流变性,以降低泵压,提高顶替效率	由甲醛、丙酮等原料聚合改性而成,为橘黄色粉末,具有一定的缓凝作用,可干混或湿混	河南卫辉
SWJZ-1	30~90	0.3~1.0	能有效吸附在水泥颗粒表面,形成吸附双电层,分散水泥粒,降低水泥浆的初试稠度,改善水泥浆的流变性能	是一种有机合成的磺化酮醛缩合物,外观为棕褐色粉末,适于干混	山东沃尔德

续表

产品代号	适用温度 ℃	加量范围 %	作用机理	主要成分及物理特征	生产厂家
DZS	20~150	0.5~1.6	能有效吸附在水泥颗粒表面,形成吸附双电层,分散水泥浆,降低水泥浆的初试稠度,改善水泥浆的流变性能	丙酮甲醛磺化缩聚物,棕褐色液体	中国石化工程院

5. 消泡剂

许多水泥浆外加剂在添加过程中可能引起气泡,影响配浆设备配制出合格密度的水泥浆,进而影响固井质量。消泡剂是控制或减少水泥浆中产生气泡的化学剂,它能够在泡沫表面扩散形成不稳定膜,从而起到消泡作用。

消泡剂主要适用于配浆水矿化度较高的固井,或固井前对水泥浆中加入的外加剂进行室内试验或配浆初期产生气泡的固井施工中。

消泡剂由主消泡剂、辅助消泡剂、载体、乳化剂、稳定剂组成。国外消泡剂主要采用大相对分子质量的醇、多元醇类处理剂,其使用效果不够理想。我国使用的消泡剂有聚乙二醇、甘油聚醚、硬脂酸铝、辛醇、有机硅、磷酸三丁酯、司盘-80、环氧烷聚合物类等。

油田常用消泡剂及使用条件如表5-6所示。

表5-6 油田常用消泡剂型号与使用条件

产品代号	适用温度 ℃	加量范围 %	作用机理	主要成分及物理特征	生产厂家
XP-1	>-30	0.1~0.5	通过降低液体表面张力达到消泡的目的	高分子聚醚类消泡剂,外观为无色或淡黄色黏稠液体	河南卫辉
SWX-1	>-30	0.1~0.3	通过降低液体表面张力达到消泡的目的	有机脂类,外观为无色透明或微黄色油状液体,不溶于水	山东沃尔德
DZX	>-30	0.05~0.1	通过降低液体表面张力达到消泡的目的	主要成分为磷酸三丁酯,外观为无色液体	中国石化工程院
DZX-2	>-30	0.05~0.1	通过降低液体表面张力达到消泡的目的	主要成分为有机硅,外观为乳白色液体	中国石化工程院

6. 加重剂

在油气井固井过程中,高孔隙压力、井壁不稳定和塑性流动地层都要借助高液柱压力予以控制,为了保持井眼的稳定和安全施工,要求提高水泥浆的密度。要提高水泥浆的密度,可以通过降低用水量和添加高密度的材料来实现。通常称这种可以提高水泥浆密度的外加剂或外掺料为加重剂。

合格的加重剂必须满足以下条件:(1)材料的颗粒粒度分布与水泥相容,粒度太大容易从水泥浆中沉降出来,粒度太小又容易增加水泥浆的稠度;(2)用水量要少,如果用水量过大,会使加重剂加量增大,影响水泥浆的强度发展;(3)水泥水化过程中应呈惰性，不影响水泥水化进程，与其他添加剂有良好的相容性，同时水泥对加重剂的吸附能力要弱。

水泥浆常用的加重剂由重晶石、钛铁矿石、赤铁矿及可水混加重材料等。

重晶石是一种白色粉末材料，密度为 $4.2~4.6g/cm^3$，可将水泥浆密度加重至 $2.35g/cm^3$。配浆时需要加入更多的水来润湿重晶石颗粒，所以使用效果受到一定的削弱。

钛铁矿石是一种黑色颗粒材料，密度为 $4.4~4.5g/cm^3$，可将水泥浆密度加重至 $2.45g/cm^3$，对水泥浆的稠化时间和抗压强度影响较小。目前能提供的钛铁矿石的粒度分布较粗，需要调整水泥浆的黏度以防止加重剂沉降。

赤铁矿是一种红色颗粒材料，粒度分布较细，需水量较低，密度为 $4.8~5.2g/cm^3$，可将水泥浆密度加重至 $2.6g/cm^3$，加量大时，常常加入分散剂来调节水泥浆的稠度。赤铁矿是油井注水泥施工中一种较为有效的加重材料。

可水混加重材料是一种以赤锰矿粉为主要成分棕红色粉末的超细加重材料，密度为 $4.8~4.9g/cm^3$，平均颗粒粒度 $5\mu m$，不增加需水量，无沉降稳定问题，有适当减阻效果，可将水泥浆密度增加至 $2.8g/cm^3$。但由于该种材料价格昂贵，通常与其他材料配合适用，目前在国外高压油气井固井中已得到较大量的应用，在我国南海高压气井固井中也有采用，效果良好。

油田常用加重剂及使用条件见表5-7。

表5-7 油田常用加重剂型号及使用条件

加重剂	外观	密度 g/cm³	细度	对水泥浆影响	可配制的水泥浆密度 g/cm³
重晶石	白色(或灰色)粉末	4.2~4.6	97%小于75μm 80%小于45μm	增加需水量较大，增稠	2.35
赤铁矿	暗红色粉末	4.8~5.2	97%小于75μm 85%小于45μm	增加需水量较小，稍增稠	2.60
钛铁矿石	黑色细粒	4.4~4.5	97%小于75μm 80%小于45μm	增加需水量较小	2.45
BXW300S	棕红色粉末	4.8~4.9	平均颗粒粒度5μm	不增加需水量，无沉降稳定问题，有适当减阻效果	2.80

三、安全提示及注意事项

（1）本实验为认知性实验，涉及药品种类、数量较多，在所有水泥浆外加剂或外掺料认知过程中，学员必须穿戴必要的防护用品，规范操作。

（2）本实验涉及所有处理剂样品应提前装在自封袋或广口瓶中，并贴好标签，学员通过药品颜色、状态、气味等方面进行认知；认知过程中严禁私自取出药品，严禁将药品放在没有贴好标签的瓶中或袋中。

（3）用手接触固体类药品时，应提前熟知药品特点或在指导老师的指导下进行，接触后及时洗手。

思考题

(1) 促凝剂有哪些类型？它们的作用机理是什么？
(2) 缓凝剂有哪些类型？
(3) 加重剂和减轻剂的作用是什么？各有哪些类型？
(4) 分散剂的作用是什么？
(5) 配制水泥浆时为何要使用消泡剂？

项目二　水泥浆配制及密度、流动度、游离液测定

固井时首先将油井水泥、外加剂、外掺料、水等配制成有一定流动性的水泥浆，然后从套管注入并用钻井液顶替到套管和地层之间的环形空间中，水泥浆固结形成水泥石把地层和套管胶结在一起，以达到封隔地层的目的。现场施工大多是利用高速水流（含部分外加剂）将水泥干灰（含部分外加剂或外掺料）混合搅拌成水泥浆，现场下灰器配制水泥浆原理如图 5-2 所示。

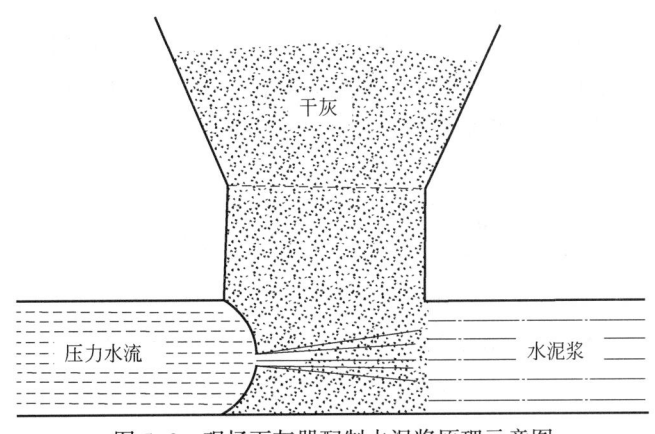

图 5-2　现场下灰器配制水泥浆原理示意图

在实验室则使用标准的混合装置（吴茵搅拌器），将水泥、水、外加剂、外掺料配制成水泥浆，实验仪器如图 5-3 所示。吴茵搅拌器的搅拌速度和搅拌时间模拟了现场施工作业中水泥浆配制过程中的剪切状态和剪切时间。首先将水放入搅拌杯，然后搅拌杯中叶片先以低速 4000r/min±200r/min 混拌 15s，此间将全部水泥、外加剂、外掺料加入水中，然后以 12000r/min±500r/min 混拌 35s。

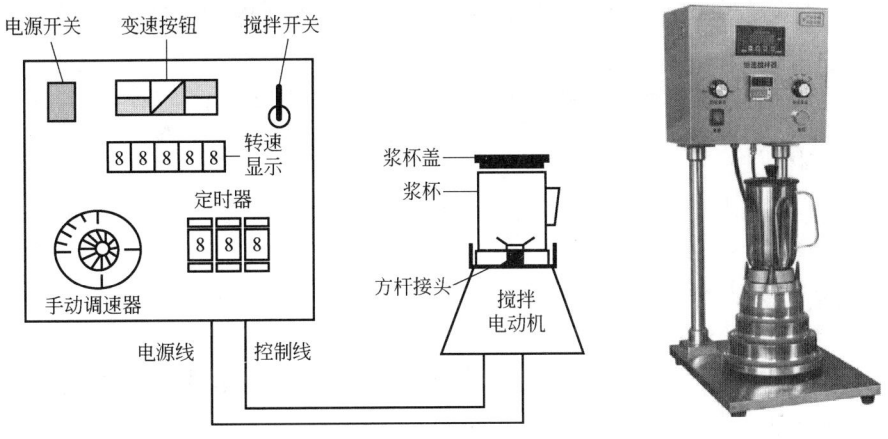

图 5-3　吴茵搅拌器结构示意图及实物图

任务一 水泥浆配制

一、试剂与仪器

试剂：G 级油井水泥；减阻剂 SXY（或其他减阻剂）；减轻剂；加重剂（重晶石粉）；羟乙基纤维素 HEC（黏度为 10000~15000mP·s）；自来水。

仪器：符合 GB/T 10238—2015 标准的混合装置（或类似搅拌器）；电子天平，精度 0.01g；500mL 搪瓷缸若干。

二、水泥浆配方

水泥浆的水灰比（W/C）是指配制水泥浆所需用水的质量（W）与所用水泥干灰的质量（C）之比。为确保水泥与水混合配成均质浆体，一方面满足最低流动阻力要求，另一方面水泥浆泵送过程中水泥颗粒既不沉降也不析出超过规定的清液。API 规定各级水泥应具有合理的水灰比，纯水泥标准水灰比见表 5-8。

表 5-8 API 纯水泥标准水灰比

水泥级别	A	B	C	D	E	F	G	H
水泥浆密度,g/cm³	1.87	1.87	1.78	1.97	1.96	1.94	1.895	1.974
W/C	0.46	0.46	0.56	0.38	0.38	0.38	0.44	0.38

水泥浆配方如下：

1 号：G 级油井水泥 400.0g+自来水 176.0g（$W/C=0.44$）。

2 号：G 级油井水泥 400.0g+自来水 200.0g（$W/C=0.50$）。

3 号：G 级油井水泥 400.0g+减轻剂（漂珠）200.0g+悬浮剂 1.00g HEC+自来水 360.0g（$W/C=0.60$）。

4 号：G 级油井水泥 500.0g+加重剂（重晶石）300.0g+悬浮剂 1.00g HEC+自来水 304.0g（$W/C=0.38$）。

5 号：G 级油井水泥 400.0g+减阻剂 SXY1.20g+降失水剂 6.00g+自来水 176.0g（$W/C=0.44$）。

6 号：G 级油井水泥 400.0g+减阻剂 SXY1.20g+自来水 176.0g（$W/C=0.44$）。

三、配制步骤

1. 准备

（1）检查搅拌器主电源开关是否处于关闭位置，变速挡是否全处于弹起状态，搅拌开关是否处于关闭状态。

（2）用少量水检查搅拌器的浆杯是否存在滴漏现象，如有滴漏现象要进行必要的处理，直至不漏为止。

（3）确认或将搅拌器调节到 50s。

2. 称取水泥

用不锈钢盘在电子天平上称取水泥,称取干粉外加剂加入水泥中,混匀。

3. 称取液体外加剂和水

用烧杯在天平上称取液体外加剂和水,并将液体外加剂和水倒入搅拌杯中。

4. 配浆

(1) 将盛有水(包括液体外加剂)的搅拌杯放置在搅拌器电动机上,仔细检查浆杯与方接头连接是否正确。

(2) 将搅拌器的总电源打开,按下低速按钮。

(3) 打开搅拌开关,同时迅速将称好的水泥倒入浆杯。

注意:不要使水或水泥浆溅出浆杯,水泥倒入要在 15s 内完成,盖上浆杯盖。

(4) 当计时器显示 15s 时,按下高速按钮,直至搅拌器自动停止。

(5) 关闭搅拌电动机开关,按下转速复位按钮,关闭搅拌器总开关,取下浆杯,浆杯内的水泥浆即为按标准配制好的水泥浆。将配制好的水泥浆倒入搪瓷缸中,并贴好标签,备用。

四、注意事项

(1) 配完水泥浆后的仪器应及时清洗,测定剩余的水泥浆倒入指定的回收桶,并及时清洗浆杯。

(2) 在配制低密度水泥浆时,为防止漂珠被搅拌叶片破碎,配制时在 4000r/min 下搅拌 60s 即可。

任务二 水泥浆密度测定

固井作业对水泥浆密度的基本要求是满足平衡地层压力,注水泥期间既不发生井漏也不发生井喷。水泥浆密度的影响因素有水灰比、外加剂用量等。现场测定水泥浆密度所使用的仪器是比重秤(或称密度计)。

一、试剂与仪器

试剂:任务一配制好的各水泥浆样品。

仪器:比重秤(密度计),如图 5-4 所示。

二、测定步骤

(1) 取任务一配制好的 1~4 号水泥浆,分别测定四个水泥浆样品的密度。

(2) 将水泥浆倒入已校准的干净比重秤液杯中。左手抓紧秤杆(靠近液杯位置握紧),右手盖上液杯盖。注意轻轻旋转和下压杯盖,让多余的水泥浆从杯盖中间的小孔流出。用拇指压住杯盖上的小孔,用水冲洗液位外面的水泥浆,并用毛巾擦干比重秤。

(3) 将比重秤放在水平实验台的主刀垫上,调整秤杆上的游码至水平泡居中,游码左侧对应的刻度线即为水泥浆密度。将测定结果填入表 5-9 中。

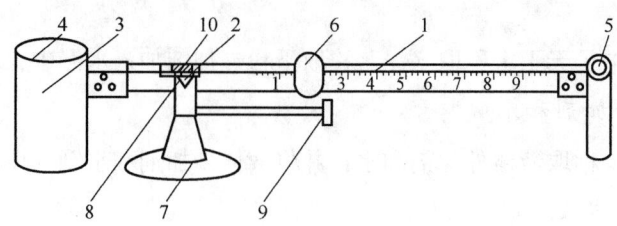

图 5-4　ZNB 型钻井液比重秤

1—秤杆；2—主刀口；3—钻井液杯；4—杯盖；5—校正筒；6—游码；7—底座；
8—主刀垫；9—挡臂；10—水平泡

(4) 测定结束后，及时清洗液杯及测定仪器，以防水泥浆凝固。

表 5-9　水泥浆配制及密度、流动度、游离液测定实验数据记录表

水泥浆配制						
配方编号	配方组成					
1 号						
2 号						
3 号						
4 号						
5 号						
6 号						
水泥浆密度、流动度、游离液性能测定						
配方编号	密度 g/cm^3	流动度			游离液测定		
^	^	最大 cm	最小 cm	平均 cm	水泥浆体积 mL	游离液体积 mL	游离液体积分数%
1 号							
2 号							
3 号							
4 号							
5 号							
6 号							

任务三　水泥浆流动度测定

流动度表示水泥浆流动的难易程度，是用定量的水泥浆所摊成圆饼后的平均直径 (cm) 来表示的。流动度测定仪如图 5-5 所示，中空的截头圆锥体（阿兹圆锥）容积为 $120cm^3$，质量为 300g，其内表面要求光滑。

一、试剂与仪器

试剂：任务一配制好的各水泥浆样品。

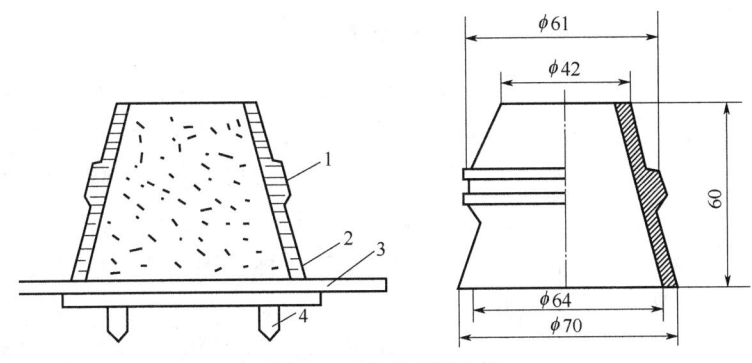

图 5-5 流动度测定仪

1—圆锥体；2—玻璃板；3—同心底盘；4—调平螺钉

仪器：流动度测定仪；秒表；直尺。

二、测定步骤

（1）实验前，先用湿毛巾将截头圆锥内表面和玻璃板擦干净，并将圆锥放于玻璃板中央，将圆锥与玻璃板上的同心圆对比，观察圆锥摆放位置是否居中。

（2）将配制好的水泥浆充分搅拌 20s 并迅速倒入圆锥，用玻璃棒刮去超过试模上平面多余的水泥浆。迅速垂直向上提起试模，让水泥浆在玻璃板上自由流动 5~10s，待水泥浆在玻璃板上摊成圆饼状后，用直尺测定展开的最大和最小直径，以平均值表示其流动度，精确至 1mm。将测定结果填入表 5-9 中。

任务四 水泥浆游离液测定

水泥浆游离液是水泥浆在一定时间内析出的无色或有色液体，反映了水泥浆的重力稳定性。水泥浆的游离液多，说明其重力稳定性差，往往也是造成气窜、固井质量差和固井事故的原因之一。其测定原理是将水泥浆在指定的温度下，在稠化仪中搅拌 20min（除气作用）后，倒入专用的游离液试验用锥形瓶中，测定 2h 水泥浆析出游离液体积占水泥浆总体积的百分数，计算公式为：

$$FF = \frac{V_f}{V_s} \times 100\% \tag{5-1}$$

式中 FF——游离液体积分数；

V_f——游离液体积，mL；

V_s——水泥浆体积，mL。

一、试剂与仪器

试剂：任务一配制好的各水泥浆样品。

仪器：专用锥形瓶，如图 5-6 所示；电子天平，精度 0.01g；常压稠化仪；秒表；吸管；保鲜膜或其他塑料薄膜及橡皮筋等。

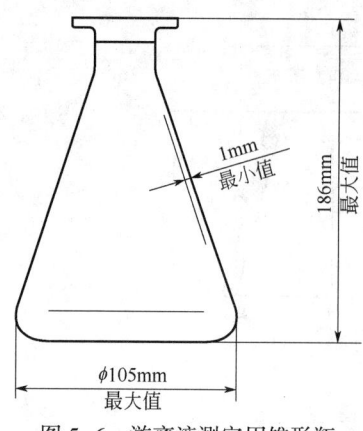

图 5-6 游离液测定用锥形瓶

二、测定步骤

（1）取任务一配制好的 5~6 号水泥浆体系，准确计量水泥浆体积后，在稠化仪中搅拌 20min（除气作用）后，倒入干燥、已称重的游离液测定锥形瓶中，用塑料薄膜盖住瓶口，以免水分蒸发。

（2）静置 2h，称量锥形瓶和水泥浆的总质量（至 0.01g）。

（3）用吸管吸去水泥浆上部的游离液，测定锥形瓶和剩余水泥浆的质量（至 0.01g）。

（4）按式(5-1) 计算不同水泥浆体系的游离液体积分数。将计算结果填入表 5-9 中。

三、安全提示及注意事项

（1）本实验用到腐蚀性药品，药品称量、加药过程中要规范操作，严禁违章操作，防止药品与皮肤接触；如果不慎与皮肤接触，应立即用大量清水冲洗，并视情况及时就医。

（2）本实验用到高速搅拌器，严禁将硬物带入搅拌器；操作人员服装、头发必须整理整齐，无安全隐患；严禁搅拌器空转；操作中防止机械伤害。

（3）注意用电安全，严禁湿手、湿抹布等接触电线。

（4）水泥浆严禁长时间在测定液杯、搅拌杯、玻璃器皿等实验容器中盛放，所有测定过程操作完成后必须及时清洗，以防水泥浆在容器中固化成水泥石。

（5）实验过程中所有容器和工具都不能直接在水槽中清洗，以防止水泥浆进入下水道凝固，堵塞下水道；所有容器和工具都应在专用的废液桶中慢慢清洗，清洗后的废液也要倒入废液桶中。

（6）废弃测定液倒入指定回收容器，严禁倒入下水道或水槽。

思考题

（1）配制水泥浆时为何要在 4000r/min 下搅拌 15s，在 12000r/min 搅拌 35s？

（2）配制有漂珠的低密度水泥浆体系时，为什么只在 4000r/min 下搅拌水泥浆？

（3）有哪些因素影响水泥浆的密度？

（4）有哪些因素影响水泥浆的流动性？

（5）固井用水泥浆为何对游离液（析水）有要求？

项目三 水泥浆流变性及失水性测定

任务一 水泥浆配制

一、试剂与仪器

试剂：G 级油井水泥；减阻剂 SXY（或其他减阻剂）；降滤失剂；羟乙基纤维素 HEC（黏度为 10000~15000mP·s）；自来水。

仪器：符合 GB/T 10238—2015 标准的混合装置（或类似搅拌器）；电子天平，精度 0.01g；500mL 搪瓷缸若干。

二、水泥浆配方

水泥浆配方如下：

1 号：G 级油井水泥 800.0g+自来水 352.0g(W/C=0.44)。

2 号：G 级油井水泥 800.0g+自来水 400.0g(W/C=0.50)。

3 号：G 级油井水泥 800.0g+悬浮剂 2.00g HEC+自来水 400.0g(W/C=0.50)。

4 号：G 级油井水泥 800.0g+减阻剂 SXY2.40g+降失水剂 12.00g+自来水 352.0g(W/C=0.44)。

5 号：G 级油井水泥 800.0g+减阻剂 SXY4.0g+降失水剂 12.00g+自来水 352.0g(W/C=0.44)。

三、配制步骤

1. 准备

（1）检查搅拌器主电源开关是否处于关闭位置，变速挡是否全处于弹起状态，搅拌开关是否处于关闭状态。

（2）用少量水检查搅拌器的浆杯是否存在滴漏现象，如有滴漏现象要进行必要的处理，直至不漏为止。

（3）确认或将搅拌器调节到 50s。

2. 称取水泥

用不锈钢盘在电子天平上称取水泥，称取干粉外加剂加入水泥中，混匀。

3. 称取液体外加剂和水

用烧杯在天平上称取液体外加剂和水，并将液体外加剂和水倒入搅拌杯中。

4. 配浆

（1）将盛有水（包括液体外加剂）的搅拌杯放置在搅拌器电动机上，仔细检查浆杯与方接头连接是否正确。

（2）将搅拌器的总电源打开，按下低速按钮。

（3）打开搅拌开关，同时迅速将称好的水泥倒入浆杯。

注意：不要使水或水泥浆溅出浆杯，水泥倒入要在15s内完成，盖上浆杯盖。

（4）当计时器显示15s时，按下高速按钮，直至搅拌器自动停止。

（5）关闭搅拌电动机开关，按下转速复位按钮，关闭搅拌器总开关，取下浆杯，浆杯内的水泥浆即为按标准配制好的水泥浆。将配制好的水泥浆倒入搪瓷缸中，并贴好标签，备用。

任务二　水泥浆流变性测定

一、测定原理

水泥浆流变性是注水泥施工中最重要的参数之一，直接关系到固井施工进度、固井作业的安全、固井作业的质量和成本。

流变性是指流体的剪切速率和剪切应力的关系。水泥浆流变性的测定是指通过测定不同剪切速率下水泥浆的剪切应力来确定水泥浆的流体类型和流变参数。由于水泥浆是非牛顿流体，而且不同性能的水泥浆，宾汉流变模型（塑性流体）和幂律流变模型（假塑性流体）对其性能描述的准确性是不同的。因此，需根据实际的流变性能选择最合适的流变模型。选择标准是实训水泥浆的剪切速率和剪切应力对两个模型的吻合程度。一种方法是采用线性回归法，即将实验数据分别用两种模式进行线性回归处理，然后比较其相关系数，相关系数越高，说明流体与该流变模式符合程度越高，因此可选择相关系数高的模式进行实际参数计算。另一种方法是线性比较法（F比值法），即判断在一定的剪切速率范围内，流变曲线与直线关系（宾汉模式是带有一定截距的直线关系）的符合程度，如果剪切速率增加一倍，剪切应力也增加一倍，则说明流体流变模式符合宾汉模式（宾汉方程）；如果剪切速率与剪切应力不呈直线倍数关系，则认为该水泥浆符合幂律模式。

本实训采用F比值法判断水泥浆的流体类型。具体方法是，采用六速旋转黏度计测定水泥浆在300r/min、200r/min和100r/min下的读值，按式(5-2)计算F值：

$$F = \frac{\phi_{200} - \phi_{100}}{\phi_{300} - \phi_{100}} \tag{5-2}$$

式中　F——线性值；

ϕ_{100}——黏度计在100r/min下的读值；

ϕ_{200}——黏度计在200r/min下的读值；

ϕ_{300}——黏度计在300r/min下的读值。

当$F=0.5\pm0.03$时，选用宾汉流变模型；当$F\neq0.5\pm0.03$时，选用幂律流变模型。

（1）宾汉流变模型参数计算：

$$\mu_p = 0.0015(\phi_{300} - \phi_{100}) \tag{5-3}$$

$$\tau_0 = 0.511\phi_{300} - 511\mu_p \tag{5-4}$$

（2）幂律流变模型参数计算：

$$n = 2.092\lg\frac{\phi_{300}}{\phi_{100}} \quad (5-5)$$

$$K = \frac{0.511\phi_{300}}{511^n} \quad (5-6)$$

式中　μ_p——塑性黏度，Pa·s；
　　　τ_0——动切力，Pa；
　　　n——流性指数；
　　　K——Pa·s^n。

二、试剂与仪器

试剂：已配制的1、2、3号水泥浆。
仪器：六速旋转黏度计；常压稠化仪；搅拌棒；搪瓷杯，1000mL。

三、测定步骤

（1）准备：打开常压稠化仪电源开关，设定实验温度（可设置为27℃或52℃，也可根据实际情况设定），打开加热开关预热到指定温度。

（2）水泥浆预制：将配好的水泥浆倒入常压稠化仪浆杯内至刻度线，安装上搅拌桨叶和稠度读数头，放入常压稠化仪中，打开计时器开关、电动机开关搅拌20min，记录初始稠度和稠度随时间的变化情况。

（3）当时间报警器报警时，表明搅拌已到20min，立即关闭电动机开关和加热开关，用毛巾取出浆杯，拆下稠度读数头和桨叶。

（4）将搅拌后的水泥浆用搅拌棒适当搅拌均匀，将水泥浆倒入搪瓷杯中；然后用玻璃棒搅拌10s，将水泥浆倒入六速旋转黏度计液杯中至液杯刻度线处；剩余水泥浆保留待用。

（5）将装好水泥浆的液杯放在黏度计托盘上，将液杯底部固定点放入托盘对应的固定孔中；调整托盘高度，使水泥浆液面与旋转黏度计转子上的刻度线平齐。

（6）调节转速挡位到3r/min，打开转速搅拌开关，搅拌10s，读数。

（7）依次调节转速挡位，在3r/min、6r/min、100r/min、200r/min、300r/min、600r/min的转速下搅拌10s后读取不同转速下的剪切应力值（格）；再依次由高速到低速调节转速挡位读取剪切应力值，每次读数后立即将转速调至下一挡，最终记录结果取递增和递减的平均值。

（8）关闭搅拌电动机开关，取下浆杯，水泥浆倒回搪瓷杯中，备用。

四、实验数据记录与处理

实验数据和处理结果填入表5-10中。根据式（5-2）计算F值，并判断各配方水泥浆的流变模式，再根据宾汉流变模型或幂律流变模型计算对应的流变参数值，最后将流变模型及对应流变参数和计算结果填入表5-10中。

表 5-10　水泥浆流变性测定实验数据记录表

配方编号	配方组成								
1 号									
2 号									
3 号									

配方编号		黏度计读数（格）						F 值	流变模式	流变参数	
		ϕ_{600}	ϕ_{300}	ϕ_{200}	ϕ_{100}	ϕ_6	ϕ_3				
1 号	递增读数										
	递减度数										
	平均读数										
2 号	递增读数										
	递减度数										
	平均读数										
3 号	递增读数										
	递减度数										
	平均读数										

五、安全提示及注意事项

（1）本实验涉及高温操作，注意防止烫伤。
（2）严格按实验步骤操作，严禁违章操作。
（3）水泥浆及废物（液）倒入指定回收桶。

任务三　水泥浆失水性测定

水泥浆自由水在压差作用下通过井壁渗入地层的现象称为水泥浆失水（或滤失）。水泥浆失水会造成水泥浆体系中水溶性外加剂的绝对含量发生变化，可能造成稠化时间缩短、桥堵、气窜等固井事故。控制水泥浆失水是保持水泥浆整体性能在施工过程中稳定的关键。水泥浆失水的测定原理是在标准规定的条件（温度、压差和时间）下，测定水泥浆通过一定面积的滤网滤失的液相的量。

水泥浆常温中压失水的测定是将配制好的水泥浆注入常压稠化仪中，常温（27℃）搅拌 20min 后倒入滤失仪液杯中，在 690kPa（100psi）下，测定水泥浆 15s、30s、1min、2min、5min、10min、15min、20min、25min 及 30min 的滤失量。

一、试剂与仪器

试剂：任务一配制的 1、4、5 号水泥浆。
仪器：API 中压滤失仪；量筒，20mL、100mL 各 1 支；烧杯，250mL、500mL 各 1 支；常压稠化仪。

二、测定步骤

（1）接通气源，将 API 中压滤失仪进气压力调至 690kPa（100psi）。

（2）将测定完流变性的水泥浆，重新搅拌均匀，倒入 API 中压滤失仪液杯中，此时注意应用食指堵住液杯出液口，防止水泥浆流出。

注意：如果测完流变性后水泥浆没有保留，则需按上述配方重新配制水泥浆进行实验。

（3）水泥浆倒至液杯刻度线处，依次放好干燥的密封圈、滤纸、滤网和压块，拧紧后正确安装到滤失仪上。

（4）在出液口下端放置量筒（考虑滤失量可能很大，也可放置 50mL 小烧杯，读数时将滤液移入量筒），接通气源的同时按下秒表收集滤液，依次记录 15s、30s、1min、2min、5min 的滤失体积，以后每隔 5min 记录一次体积，直到滤失 30min 为止。若 30min 前出现脱水（气穿现象），记录样品脱水时间及滤液量，按下式计算滤失量：

$$Q_{300} = Q_t \times \frac{5.47}{\sqrt{t}} \quad (5-7)$$

式中 Q_{30}——水泥浆样品 30min 的滤失量，mL；

Q_t——测定 $t$min 的滤失量，mL；

t——实测滤失量时间，min。

（5）实验完毕，断开气源，释放水泥浆液杯内的压力，卸下连接管线，清洗容器内的水泥残物。

三、实验数据记录与处理

实验数据和处理结果填入表 5-11 中。

表 5-11 水泥浆失水性测定实验数据记录表

配方编号	配方组成
1号	
4号	
5号	

配方编号	滤失量,mL										Q_{30},mL
	15s	30s	1min	2min	5min	10min	15min	20min	25min	30min	
1号											
4号											
5号											

注：实验结果表述时，如果测量满 30min 的滤失记为"标准滤失量"，实验不到 30min 发生"气穿"的滤失量记为"计算滤失量"。

四、安全提示及注意事项

（1）本实验涉及高温、高压操作，注意防止烫伤和机械伤害。

（2）严格按实验步骤操作，严禁违章操作。
（3）水泥浆及废物（液）倒入指定回收桶。

思考题

（1）什么是流变性？
（2）影响水泥浆流变性的因素有哪些？
（3）影响水泥浆重力稳定性的因素有哪些？
（4）如何确定水泥浆的流变模型？流变性与流变参数对固井设计和固井质量有何影响？
（5）为什么要控制水泥浆滤失量？影响水泥浆失水的因素有哪些？

项目四　水泥浆凝结时间、稠化时间和抗压强度测定

水泥是一种无机水硬性凝胶材料,它与水混合后立即发生一系列的物理和化学变化,浆体逐渐由液态转变为固态,这个过程就是水泥浆的凝结过程。

水泥浆不断水化,其结构强度不断增加,一定重量及直径的测针插入水泥浆时受到的阻力也逐渐增大,水泥浆的凝结时间以测针插入水泥浆的深度来决定。

测定水泥浆凝结时间用维卡仪,其结构如图5-7所示。维卡仪中心杆可在支架内自由滑动,也可以用控制螺钉固定,测针(撞针)长50mm,直径为1.1±0.04mm。凝结试模厚40mm,上端内径为65±0.5mm,下端内径为75mm,中心金属棒重(重锤)300±2g。

图5-7　维卡仪

水泥浆配制完成后,随着时间的延长,水泥浆逐渐变稠,这种现象称为水泥浆稠化,其程度用稠度来表示。水泥浆的稠度是用稠化仪通过测定一定转速的叶片在水泥浆中所受的阻力得到的,单位是Bc。水泥浆的稠化速率用稠化时间表示。稠化时间是指水泥浆从配制完成到稠度达到100Bc所用的时间。

在注水泥施工中,水泥浆首先泵入套管,到达套管鞋处后,沿套管与井壁的环形空间上返至设计高度。在注水泥施工期间,水泥浆必须具有良好的可泵性。为保证施工安全,注水泥施工作业必须在稠化时间以内完成,并包含一定的安全系数,一般规定施工时间+1h≤稠化时间。

稠化时间可以用高温高压稠化仪、常压稠化仪、维卡仪等仪器测定,高温高压稠化仪和常压稠化仪如图5-8所示。高温高压稠化仪能完全模拟固井过程中水泥浆的剪切速度、压力变化、温度变化等情况,这些变化可通过程序设定来模拟,不同的固井条件所需的设定参数可以通过标准查得。现场施工中,水泥浆的准确可泵送时间(稠化时间)必须用高温高压稠化仪测定。用常温常压稠化仪、维卡仪等也可以粗略判定水泥浆可泵送时间。在固井配方优化和外加剂性能研究中也常用常温常压稠化仪、维卡仪等初步判定水泥浆的

可泵送时间。高温高压稠化仪测定的稠化时间一般比常温常压稠化仪、维卡仪测定的时间短。

(a) 高温高压稠化仪　　　　(b) 常压稠化仪

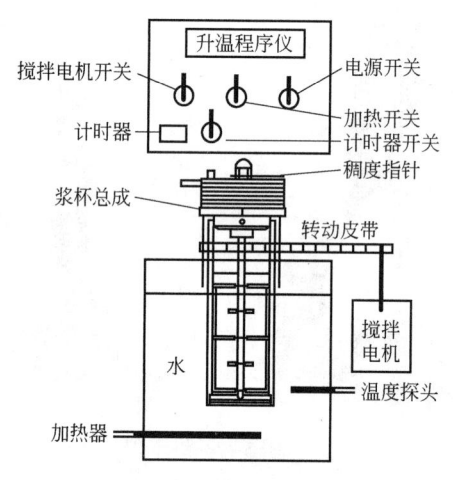

(c) 常压稠化仪结构

图 5-8　高温高压稠化仪和常压稠化仪

水泥石在一定的时间内具有足够的抗压强度是固井对水泥浆性能的另一个要求。水泥浆抗压强度的测定原理是：在模拟地层温度、压力和候凝时间等条件下，将水泥浆养护成标准尺寸的立方体水泥石，在抗压强度试验机上测定使水泥石结构破坏时需要的压力，从而计算出水泥石单位面积上能承受的破裂压力。

抗压强度模具由内截面积为 $4\mathrm{in}^2$（$2580\mathrm{mm}^2$）的正方体，底板和盖板厚度由 $\frac{1}{4}\mathrm{in}$（约 $6\mathrm{mm}$）的玻璃板或耐腐蚀金属板组成。

任务一　水泥浆配制

一、试剂与仪器

试剂：G 级油井水泥；减阻剂 SXY（或其他减阻剂）；缓凝剂（SN-2 或其他处理剂）；促凝剂（氯化钙或其他处理剂）；自来水。

仪器：符合 GB/T 10238—2015 标准的混合装置（或类似搅拌器）；电子天平，精度 0.01g；500mL 搪瓷缸若干。

二、水泥浆配方

水泥浆配方如下：

1 号：G 级油井水泥 800.0g+减阻剂 SXY2.4g+自来水 352.0g。
2 号：G 级油井水泥 800.0g+减阻剂 SXY2.4g+促凝剂 $CaCl_2$ 24.0g+自来水 352.0g。
3 号：G 级油井水泥 800.0g+减阻剂 SXY2.4g+缓凝剂 SN-23.2g+自来水 352.0g。

三、配制步骤

1. 准备

（1）检查搅拌器主电源开关是否处于关闭位置，变速挡是否全处于弹起状态，搅拌开关是否处于关闭状态。
（2）用少量水检查搅拌器的浆杯是否存在滴漏现象，如有滴漏现象要进行必要的处理，直至不漏为止。
（3）确认或将搅拌器调节到 50s。

2. 称取水泥

用不锈钢盘在电子天平上称取水泥，称取干粉外加剂加入水泥中，混匀。

3. 称取液体外加剂和水

用烧杯在天平上称取液体外加剂和水，并将液体外加剂和水倒入搅拌杯中。

4. 配浆

（1）将盛有水（包括液体外加剂）的搅拌杯放置在搅拌器电动机上，仔细检查浆杯与方接头连接是否正确。
（2）将搅拌器的总电源打开，按下低速按钮。
（3）打开搅拌开关，同时迅速将称好的水泥倒入浆杯。
注意：不要使水或水泥浆溅出浆杯，水泥倒入要在 15s 内完成，盖上浆杯盖。
（4）当计时器显示 15s 时，按下高速按钮，直至搅拌器自动停止。
（5）关闭搅拌电动机开关，按下转速复位按钮，关闭搅拌器总开关，取下浆杯，浆杯内的水泥浆即为按标准配制好的水泥浆。将配制好的水泥浆倒入搪瓷缸中，并贴好标签，备用。

任务二　水泥浆凝结时间测定

一、试剂与仪器

试剂：任务一配制的 1、2、3 号水泥浆。
仪器：维卡仪及其配套工具；秒表；水浴锅；细绳或细铁丝。

二、测定步骤

实验前,检查维卡仪中心滑动杆是否能自由滑动,测针落到玻璃面上时指针是否在刻度板零点上(若不在零刻度位置,应调整指针对准零刻度线),试模内壁和玻璃板表面涂上薄薄一层黄油或机油,准备实验。

(1)将配制好的水泥浆,充分搅拌 20s 后,倒入已准备好的锥形试模内(此时试模放在水平实验台的玻璃板上),用玻璃棒或维卡仪配套直尺捣水泥 25 次,使水泥浆尽可能充满试模,用直尺挂起多余的水泥浆,盖好上玻璃盖板。

(2)将试模和玻璃板固定牢固(可用有一定强度的细绳或细铁丝捆扎牢固)放入一定温度(根据实际情况设定,一般可设定为 80℃或 90℃)的水浴箱中进行养护。

(3)养护 30min 后取出测量一次凝结时间,将锥形试模取出,移去上玻璃盖。将测定样品放在维卡仪测定撞针的下方底座上。

(4)测定时,将撞针降到与试模内水泥浆面接触后紧固螺钉,固定撞针位置,然后迅速松开紧固螺钉使重锤和撞针自由下落沉入水泥浆体中。

初凝时间:由配浆完成开始计时,至撞针沉入水泥浆体距底面不超过 1.0mm 时所需的时间。

终凝时间:初凝后,继续将试模放入水中养护,并每隔 5min 测定一次,直到撞针只能沉入水泥浆顶面不超过 1.0mm 时所需的时间(加上初凝时间)。

注意:在最初测定水泥浆凝结时间时,应用手指扶住重锤,让撞针慢慢下落,以防水泥浆没有凝结从而碰碎底部玻璃板或撞弯撞针。但初凝时间仍以自由下落的测定结果为准。

三、实验数据记录与处理

实验数据和处理结果填入表 5-12 中。

表 5-12 水泥浆凝结时间测定实验数据记录表

实验配方					
养护条件	温度:	℃;	压力:	MPa;	时间: h
测定时间,min					
针入深度,mm					
测定时间,min					
针入深度,mm					
实验结果	初凝时间:	min;		终凝时间:	min

四、安全提示及注意事项

(1)注意防止机械伤害。

(2)严格按实验步骤操作,严禁违章操作。

(3)水泥浆及废物(液)倒入指定回收桶。

任务三 水泥浆稠化时间测定

一、试剂与仪器

试剂：任务一配制的 1、2、3 号水泥浆。

仪器：维卡仪及其配套工具；常压稠化仪；秒表。

二、测定步骤

1. 仪器准备

（1）检查设备是否运转正常，在稠化仪空浆杯中放入叶轮，装上电位计总成，将组装好的空浆杯放入稠化仪中，打开总电源开关和电动机开关，当电动机开始转动时，记录器指示读数应小于 0.5V，变化范围不超过 0.3，一切运转正常关停电动机。

（2）调整实训装置，设定控制器温度为 52℃，向油箱中注入约 15L 油，使其刚好到达转枢底下。打开加热开关，将常压稠化仪浆杯预热到 52℃。

2. 稠化时间测定

（1）把配制好的水泥浆倒入稠化仪浆杯至刻度线处，将浆杯盖子上的销钉楔入转枢的槽内，并使电位计上的侧销放入箱体顶部的固定槽内。

（2）打开电动机开关，电动机带动浆杯转动。按下启动开关，计时器开始计时，记录初始稠度及稠度随时间的变化情况，当稠度值 100Bc 时，实验结束。

三、实验数据记录与处理

实验数据和处理结果填入记录表 5-13 中。

表 5-13 水泥浆稠化时间测定数据表

实验配方						
养护条件	温度：	℃；	压力：	MPa；	时间：	h
测定时间,min						
稠度,BC						
测定时间,min						
稠度,BC						
测定时间,min						
稠度,BC						
实验结果	40Bc 时间：	min；		100Bc 时间：		min

注：绘制出时间和稠度的关系曲线，即稠度曲线，并确定稠化时间。

四、安全提示及注意事项

（1）本实验涉及高温操作，注意防止烫伤。

（2）严格按实验步骤操作，严禁违章操作。

（3）水泥浆及废物（液）倒入指定回收桶。

任务四 水泥浆抗压强度测定

一、试剂与仪器

试剂：任务一配制的1、2、3号水泥浆。
仪器：抗压强度试验机或其他压力试验装置；水浴锅或水浴养护箱；黄油；秒表。

二、测定步骤

(1) 将配制好的水泥浆倒入标准强度测定试模中，用玻璃棒或直尺捣水泥25次，使水泥尽可能充满试模。
(2) 用直尺刮起多余的水泥浆，盖好盖板，将试模放入90℃水浴养护箱中养护24h。
(3) 取出试模，放入冷水中冷却至室温，脱模。
(4) 在抗压强度试验机上测定其破坏强度。
注意：为保证试样能在模具中顺利取出，制作试样前应在模具内表面和两块玻璃盖板上涂一层薄薄的黄油。

三、实验数据记录与处理

实验数据和处理结果填入表5-14中。

表5-14 水泥浆抗压强度测定实验数据记录表

实验配方			
养护条件	温度： ℃；	压力： MPa；	时间： h
试件变化	1	2	平均
破裂压力,kN			
试件面积,m^2			
抗压强度,MPa			

四、安全提示及注意事项

(1) 本实验涉及高温、高压操作，注意防止烫伤和机械伤害。
(2) 严格按实验步骤操作，严禁违章操作。
(3) 水泥浆及废物（液）倒入指定回收桶。

思考题

(1) 什么是水泥浆稠化时间？
(2) 测定水泥浆稠化时间有何意义？
(3) 影响水泥浆稠化时间的因素有哪些？
(4) 什么是抗压强度？
(5) 影响抗压强度的因素有哪些？

项目五　水泥浆配方设计与优化

固井根据井身结构可分为表层套管固井、技术套管固井、生产套管固井、尾管固井；根据井眼类型可分为直井固井、斜井固井、水平井固井；此外还有挤水泥作用等情况。对于每一口具体的油气井固井，由于井的类型、层位、地质条件、钻井液体系、工程条件等不同，对水泥浆的要求也完全不同。在一口井的设计中，一般根据固井的各种条件、技术要求提出一系列性能参数和施工参数。固井实验技术人员应根据设计要求，调配出满足设计参数的水泥浆。固井中水泥浆通常需要测定的参数有密度、稠化时间、流变性、滤失性、抗压强度、游离液等。由于固井面临的情况不同，设计中可能还会对水泥石的渗透性、韧性、防腐性能和抗温性能等提出特殊要求，为保证固井质量和施工安全，这些参数也必须全部满足设计要求。

一、水泥浆配方设计与优化流程

水泥浆配方设计与优化流程如图 5-9 所示。

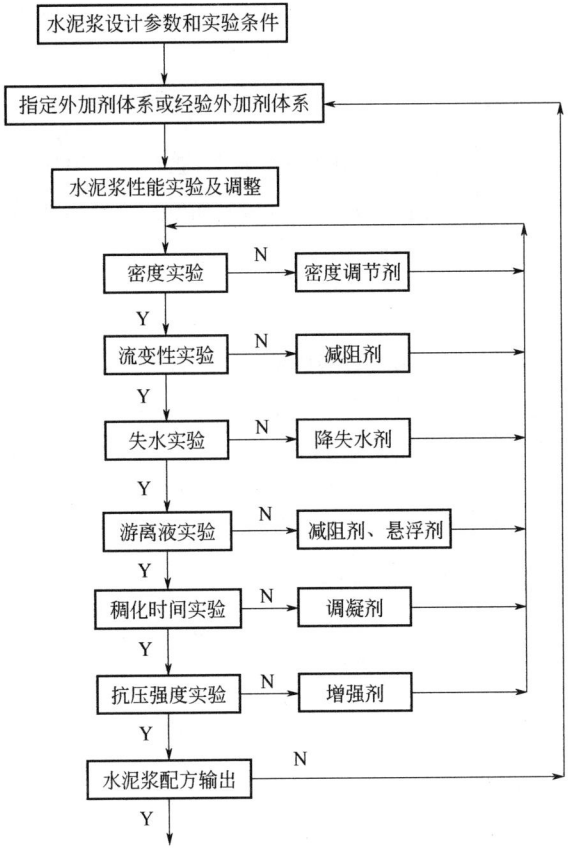

图 5-9　水泥浆配方设计与优化流程

二、试剂与仪器

试剂：G 级油井水泥；减阻剂；纤维素类降失水剂；成膜类降失水剂；合成类降失水剂；糖类缓凝剂；无机缓凝剂；有机膦类缓凝剂；减轻剂；加重剂；自来水；黄油及其他必要材料。

仪器：电子天平，精度 0.01g；密度计；常压稠化仪；六速旋转黏度计；API 中压滤失仪；恒温养护箱；抗压强度试验机；维卡仪；锥形瓶；秒表或其他计时装置；玻璃棒、直尺等工具。

三、实验内容与要求

1. 常规密度水泥浆体系设计

实验温度 90℃；实验压力 35~40MPa；密度 1.85~1.90g/cm^3；稠化时间 210~240min；滤失量≤100mL；流变性：n≥0.7，K≤0.5Pa·s^n；抗压强度≥14MPa（养护条件：90℃，24h，0.1MPa）；游离液体积分数≤0.5%。

2. 低密度水泥浆体系设计

实验温度 75℃；实验压力 25MPa；密度 1.60~1.65g/cm^3；稠化时间 180~240min；滤失量≤100mL；流变性：n≥0.6，K≤1.0Pa·s^n；抗压强度≥10MPa（养护条件：90℃，24h，0.1MPa）；游离液体积分数≤1.0%。

3. 高密度水泥浆体系设计

实验温度 100℃；实验压力 45~60MPa；密度 2.00~2.05g/cm^3；稠化时间 240~270min；滤失量≤100mL；流变性：n≥0.6，K≤1.0Pa·s^n；抗压强度≥10MPa（养护条件：90℃，24h，0.1MPa）；游离液体积分数≤1.0%。

4. 油层固井水泥浆体系设计

实验温度 120℃；实验压力 70~75MPa；密度 1.88~1.90g/cm^3；稠化时间 300~360min；滤失量≤50mL；流变性：n≥0.7，K≤0.5Pa·s^n；抗压强度≥14MPa（养护条件：90℃，24h，0.1MPa）；游离液体积分数≤0%。

四、实验记录与数据处理

水泥浆配方设计与优化数据按表 5-15 填写。

表 5-15　水泥浆配方设计与优化实验数据记录表

水泥浆配方设计与优化
设计水泥浆配方
所选处理剂

续表

水泥浆配方设计与优化								
设计思路								
设计过程与评价结果								
最终配方								
水泥浆最终性能								
ρ g/cm³	游离液 FF %	流变参数			滤失量 FL_{API} mL	稠化时间			抗压强度 MPa
^	^	F	n	K Pa·s^n	^	初凝时间 min	终凝时间 min	稠化时间 min	^

五、安全提示及注意事项

（1）本实验涉及高温、高压操作，注意防止烫伤和机械伤害。
（2）严格按实验步骤操作，严禁违章操作。
（3）水泥浆及废物（液）倒入指定回收桶。

思考题

（1）分析实验中所选择的材料的作用及机理。
（2）如何进行水泥浆配方设计？
（3）如何选择水泥浆的处理剂类型及加量？
（4）本实验过程中遇到了哪些问题？你（们）又是如何解决的？
（5）为了尽可能与室内性能保持一致，水泥浆在现场使用过程中，应该注意哪些事项？

参 考 文 献

［1］ 贾铎. 钻井液工程师技术手册. 北京：石油工业出版社，2015.
［2］ 中油长城钻井有限责任公司钻井液分公司. 钻井液技术手册. 北京：石油工业出版社，2005.
［3］ 严思明，陈馥，韩利娟. 油田应用化学实验教程. 北京：化学工业出版社，2011.
［4］ 武世新，杨红丽，刘阿妮. 油田化学实训指导书. 西安：西北工业大学出版社，2016.
［5］ 于涛，丁伟，曲广淼. 油田化学剂. 2版. 北京：石油工业出版社，2008.